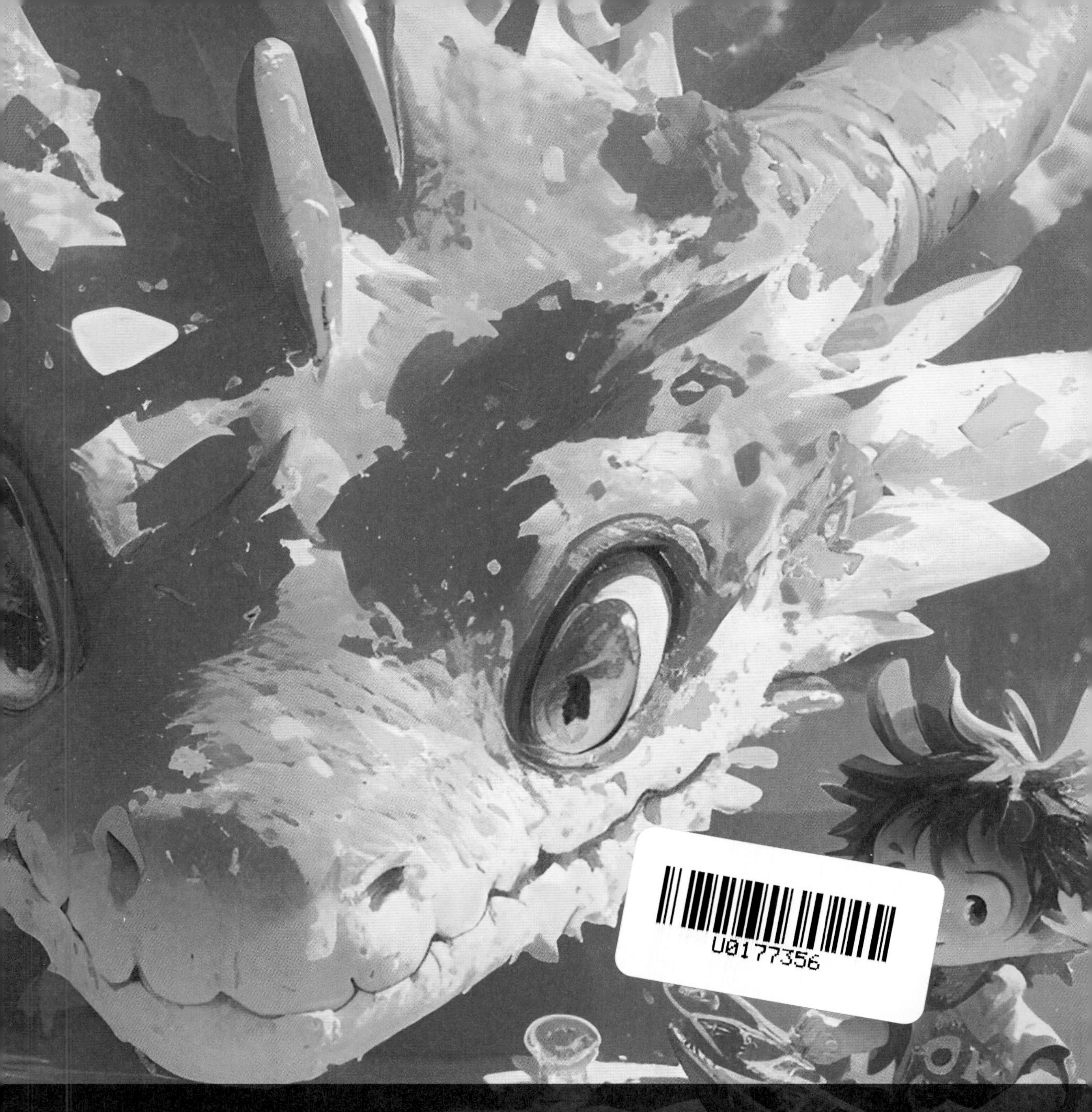

Photoshop 数字创意设计教程

〔案例微课版〕

孙琪 张莉莉 ◎ 主编　　崔永利 池浩田 官晓婷 孙晓菲 ◎ 副主编

人民邮电出版社
北京

图书在版编目（CIP）数据

Photoshop 数字创意设计教程 : 案例微课版 / 孙琪,
张莉莉主编. -- 北京 : 人民邮电出版社, 2024.
ISBN 978-7-115-65429-8

I. TP391.413

中国国家版本馆 CIP 数据核字第 2024HM9219 号

内 容 提 要

本书主要介绍 Photoshop 2024 在图像处理、商业合成和海报设计等方面的使用方法与技巧，采用新颖的知识架构，并结合 7 个商业项目案例，帮助读者掌握 Photoshop 的各项重要功能和相关设计常识。

本书内容以商业项目为主线，从分析项目的制作思路入手，逐步介绍项目的制作方法，使读者不仅能掌握图像后期制作的理论知识，还能将其应用到实际工作中。每个项目都安排了拓展训练，读者可以根据步骤提示结合教学视频进行学习。此外，本书附录中有 30 个商业案例同步实训任务，辅助读者练习巩固。同时，本书提供任务学习与评价活页卡片，方便教师进行“行动导向”的课堂教学。

本书附赠大量学习资源，包括所有商业项目、拓展训练和实训任务的素材文件、实例文件和在线教学视频，读者在实际操作过程中有不明白的地方，可以通过观看视频来学习。为了便于读者学习，本书还提供了 30 个商业案例同步实训任务的彩色电子文件。此外，为了方便教师教学，本书还附赠 PPT 课件和电子教案。

本书不仅可以作为职业院校数字媒体、艺术设计、电子商务、网络营销等相关专业及数字艺术教育培训机构的教材，还可以作为初学者学习 Photoshop 的参考书。

◆ 主　　编　孙　琪　张莉莉
副 主 编　崔永利　池浩田　官晓婷　孙晓菲
责任编辑　张丹丹
责任印制　陈　犇
◆ 人民邮电出版社出版发行　　北京市丰台区成寿寺路 11 号
邮编　100164　　电子邮件　315@ptpress.com.cn
网址　https://www.ptpress.com.cn
北京瑞禾彩色印刷有限公司印刷
◆ 开本：787×1092　1/16
印张：10　　2024 年 12 月第 1 版
字数：294 千字　　2024 年 12 月北京第 1 次印刷

定价：59.80 元

读者服务热线：(010)81055410　印装质量热线：(010)81055316
反盗版热线：(010)81055315
广告经营许可证：京东市监广登字 20170147 号

本书全面落实立德树人的根本任务，采用Adobe Photoshop 2024编写，具有以下特色。

一、立德树人、价值引领

本书全面贯彻党的二十大精神，践行社会主义核心价值观，以“立德树人”为根本任务，坚持正确的政治方向和价值导向；将美丽中国建设与书中内容有机融合，深入挖掘教学素材中蕴含的素质目标，注重培养学生的职业道德和职业素养，引导学生树立正确的世界观、人生观和价值观。

本书紧紧围绕德技并修、工学结合的育人机制和人才培养目标，着力培养学生的工匠精神、职业道德、职业技能和就业能力，推动形成有中国特色的职业教育特色人才培养模式。

二、技能突出、结构合理

本书从实际工作中的技能需求出发，安排了7个商业项目案例，并搭配拓展训练，引导读者进行自主学习。本书内容结构符合读者的认知特点、学习习惯，以及技术技能人才的成长规律，知识传授与技术技能培养并重，注重提升学生的职业素养和专业技术。

三、资源丰富、形式多彩

本书配套的92个（段）微课视频资源能够引导学生探索知识，从而激发学生自主学习。辅助教师实现“翻转课堂”，为进一步探索“工学结合”的一体化教学提供基础。

感谢读者选择本书。由于编者水平有限，书中难免存在疏漏和不妥之处，敬请读者批评指正。

编者

2024年9月

如何使用本书

01 项目介绍

介绍项目背景、任务要求（如需提交的文件的格式）等。

项目介绍

情境描述

我们接到了某传媒公司设计部的工作任务，要求对其公司旗下主播的个人形象进行修饰并设计宣传海报，以便在互联网平台上进行推广和宣传。

首先制订修复范围选定、颜色调整和滤镜选择等修图计划。然后通过瑕疵修复、肤色处理和五官修饰等技术手段完成主播个人形象的修饰工作。接着抠取人物图像并制作直播宣传海报。最后完成源文件的命名与文件的归档工作，确保所有文件都能有序、高效地管理和检索。

任务要求

根据任务的情境描述，要求在10小时内完成主播个人形象的修饰任务，以及宣传海报的制作任务。

① 在主播个人形象海报的制作过程中，准确进行图片校正、调色和合成操作，确保参数设置准确无误。

② 图片源文件颜色模式为RGB；海报源文件颜色模式为RGB，分辨率为72像素/英寸，尺寸为1125像素×2436像素（竖版）。

③ 按照工作时间节点对制作的文件进行整理、输出，并确保提交的文件符合客户的各项要求。

- 一份PSD格式的图片处理源文件。
- 一份JPEG格式的图片处理展示文件。
- 一份PSD格式的海报制作源文件。
- 一份JPEG格式的海报制作展示文件。

02 学习技能目标

罗列项目制作中涉及的技术。

学习技能目标

- 能够在Photoshop中按照指定路径打开素材。
- 能够使用快捷键复制图层。
- 能够使用“曝光度”命令与“曲线”命令调整图像的亮度和对比度。
- 能够使用“裁剪工具”裁剪画布。
- 能够使用“污点修复画笔工具”修复瑕疵。
- 能够使用“修复画笔工具”修复脸部细纹。
- 能够使用快捷键将所有可见图层盖印到一个新的图层中。
- 能够使用“反相”命令将图像中的颜色转换为其补色。
- 能够设置图层的混合模式。
- 能够使用“高反差保留”命令保留人物轮廓、皮肤质感和纹理等细节。
- 能够使用“高斯模糊”命令使皮肤变得平滑。
- 能够使用快捷键添加图层蒙版，并将蒙版填充为黑色。
- 能够使用“液化”滤镜中的“向前变形工具”调整人物的脸型。

03 项目知识链接

讲解项目的相关知识，扩展学生的知识面。搭配教学视频，使学习更加高效。

项目知识链接

细节的处理

婚纱摄影修图中的细节处理涉及对照片中的微小元素的精细调整和优化，图6-5所示为常见的需要调整的细节，包括人物形象的修饰、背景的处理及服装调整等。在人物形象的修饰方面，需要着重调整人物的皮肤、五官、脸型等，使人物形象更加完美。进行背景处理时则需要去除杂物、调整光影效果等，以突出人物形象。虽然修图可以改善照片的外观，但是过度修饰可能会让照片失去真实感。因此，修图师需要在保持照片自然真实的基础上进行细微的调整，避免过度磨皮、过度拉伸等。

04 任务实施

详细讲解项目的操作步骤。

任务实施

任务7.2 匠心独运，首页生辉：制作吸引人的App首页

旅游App首页应简洁明了，避免信息过载，同时突出旅游特色，展示吸引人的图片和描述。清晰的导航和搜索功能是制作旅游App首页的关键，便于用户快速找到所需信息，如图7-61所示。

1.信息海洋，一触即达：设计搜索栏与轮播图

01 按快捷键Ctrl+N打开“新建文档”对话框，双击“移动设备”选项卡中的iPhone 8/7/6模板，创建一个尺寸为750像素×1334像素的画板，如图7-62所示。

图7-62

05 知识点

讲解操作步骤中涉及的拓展知识点，增进学生对软件的了解。

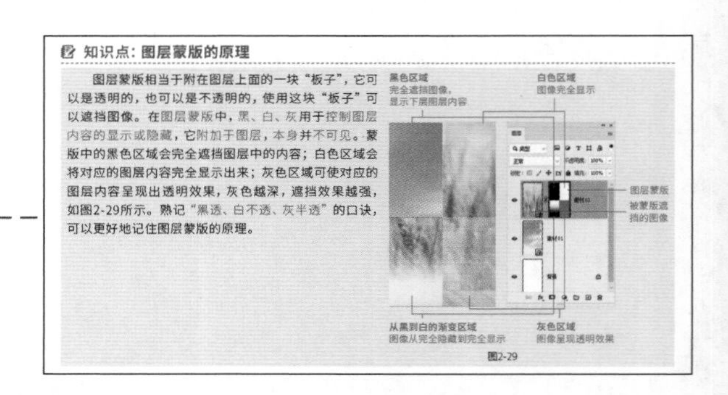
知识点：图层蒙版的原理

图层蒙版相当于附在图层上面的一块“板子”，它可以是透明的，也可以是不透明的，使用这块“板子”可以遮挡图像。在图层蒙版中，黑、白、灰用于控制图层内容的显示或隐藏，它附加于图层，本身并不可见。蒙版中的黑色区域会完全遮挡图层中的内容；白色区域会将对应的图层内容完全显示出来；灰色区域可使对应的图层内容呈现出透明效果，灰色越深，遮挡效果越强，如图2-29所示。熟记“黑透、白不透、灰半透”的口诀，可以更好地记住图层蒙版的原理。

图2-29

06 项目总结与评价

总结项目的知识点。通过项目评价表，学生能快速查缺补漏，更好地吸收所学知识。

拓展训练 07

根据项目内容，制作相似案例。学生需按照设计要求，根据步骤提示完成制作。如果遇到不会的地方，可以观看教学视频。

08 附录

附录提供商业案例同步实训任务，以方便学生进一步练习。

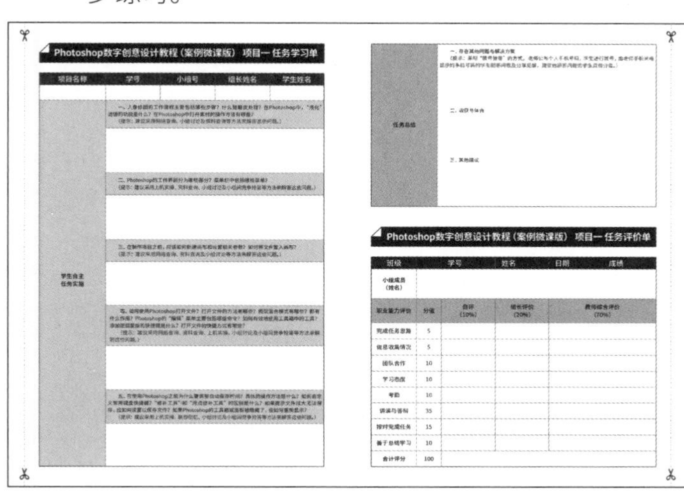

任务学习单与评价单 09

在教师的组织下，学生根据任务学习单进行小组学习，任务完成后填写任务评价单（包括自评、组长评价、教师综合评价）。

目录
contents

项目一

春风拂面，笑颜初绽
揭开主播海报的神秘面纱

项目二

丰收之景，海报传情
制作助农商品数字宣传海报

项目三

电子屏上，新品闪耀
设计户外电子广告屏手表海报

项目四

青春风采，微信呈现
制作社团微信公众号首图

项目五

励志日签，暖心相伴
制作学生励志日签

项目六

婚纱摄影，人像精修
探索婚纱摄影人像修图的奥秘

项目七

绿水青山，画中旅行 打造梦幻旅游App首页

附 录

商业案例同步实训任务30例

项目一

春风拂面，笑颜初绽

揭开主播海报的神秘面纱

项目介绍

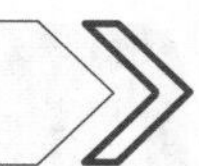

☞ 情境描述

我们接到了某传媒公司设计部的工作任务，要求对其公司旗下主播的个人形象进行修饰并设计宣传海报，以便在互联网平台上进行推广和宣传。

首先制订修复范围选定、颜色调整和滤镜选择等修图计划。然后通过瑕疵修复、肤色处理和五官修饰等技术手段完成主播个人形象的修饰工作。接着抠取人物图像并制作直播宣传海报。最后完成源文件的命名与文件的归档工作，确保所有文件都能有序、高效地管理和检索。

☞ 任务要求

根据任务的情境描述，要求在10小时内完成主播个人形象的修饰任务，以及宣传海报的制作任务。

① 在主播个人形象海报的制作过程中，准确进行图片校正、调色和合成操作，确保参数设置准确无误。

② 图片源文件颜色模式为RGB；海报源文件颜色模式为RGB，分辨率为72像素/英寸，尺寸为1125像素×2436像素（竖版）。

③ 按照工作时间节点对制作的文件进行整理、输出，并确保提交的文件符合客户的各项要求。

- ◇ 一份PSD格式的图片处理源文件。
- ◇ 一份JPEG格式的图片处理展示文件。
- ◇ 一份PSD格式的海报制作源文件。
- ◇ 一份JPEG格式的海报制作展示文件。

学习技能目标

- ◇ 能够在Photoshop中按照指定路径打开素材。
- ◇ 能够使用快捷键复制图层。
- ◇ 能够使用“曝光度”命令与“曲线”命令调整图像的亮度和对比度。
- ◇ 能够使用“裁剪工具”裁剪画布。
- ◇ 能够使用“污点修复画笔工具”修复瑕疵。
- ◇ 能够使用“修复画笔工具”修复脸部细纹。
- ◇ 能够使用快捷键将所有可见图层盖印到一个新的图层中。
- ◇ 能够使用“反相”命令将图像中的颜色转换为其补色。
- ◇ 能够设置图层的混合模式。
- ◇ 能够使用“高反差保留”命令保留人物轮廓、皮肤质感和纹理等细节。
- ◇ 能够使用“高斯模糊”命令使皮肤变得平滑。
- ◇ 能够使用快捷键添加图层蒙版，并将蒙版填充为黑色。
- ◇ 能够使用“液化”滤镜中的“向前变形工具”调整人物的脸型。
- ◇ 能够使用“液化”滤镜中的“人脸识别液化”功能调整人物的眼睛、鼻子、嘴唇和脸部形状。
- ◇ 能够使用“主体”命令创建人物的选区，并抠取人物图像。
- ◇ 能够使用“矩形选框工具”创建选区，并在原选区的基础上添加或减去选区。
- ◇ 能够使用“自由变换”命令对图像进行等比例缩放。
- ◇ 能够使用快捷键载入人物选区。

◇ 能够使用“扩展”命令对选区进行扩展。
◇ 能够使用“色阶”命令调整图像亮度。
◇ 能够使用“导出为”命令导出JPEG格式的图像。

项目知识链接

人像修图是指在拍摄后使用专业的图像编辑软件对人物照片进行处理和优化的过程，通常包括调整照片的色彩、光影和细节等，去除人物皮肤的瑕疵、提亮脸部和调整脸型等，使人物在照片中呈现出更好的状态，增强人物的吸引力和表现力。

认识直方图与曝光信息

照片的色彩可以向观者传达一定的情感或氛围。当去除色彩后，黑白图像将通过光影表现物体的质感和画面的空间感与层次感。图1-1所示为两个由黑、白、灰3种颜色构成的球体，这两个球体的光影不同，左侧的球体更像一个金属球，右侧的球体更像一个石膏球。

图1-1

Photoshop中将色阶范围定义为0（黑）~255(白)，可以将其划分为阴影、中间调和高光3个区域，摄影中常用的11级灰度色阶如图1-2所示。色阶值越小，对应的画面越暗；色阶值越大，对应的画面越亮。

图1-2

如果想更直观地了解图像亮度的分布情况，可以执行“窗口>直方图”菜单命令，打开“直方图”面板，如图1-3所示。可以看到，在这幅图像的直方图中，波峰集中在右侧，说明图像中的亮部信息多，暗部信息少。而且直方图横跨整个色阶范围，说明图像中的细节较为丰富。

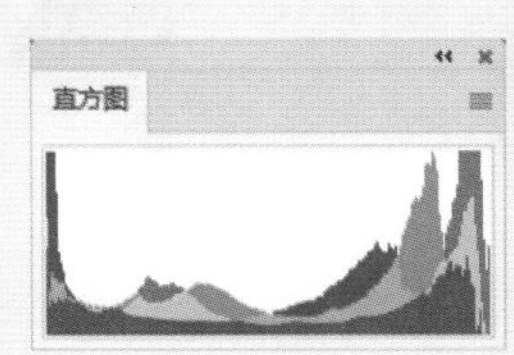

图1-3

提示

默认的直方图是“颜色”直方图，在面板菜单中可以切换直方图的显示方式，如图1-4所示。

当使用“扩展视图”和“全部通道视图”时，可以选取通道分别进行查看，如图1-5所示。“明度”直方图可以显示去掉颜色信息的亮度直方图。如果想用直方图来判断图像的亮度分布情况，则应选择“明度”通道。

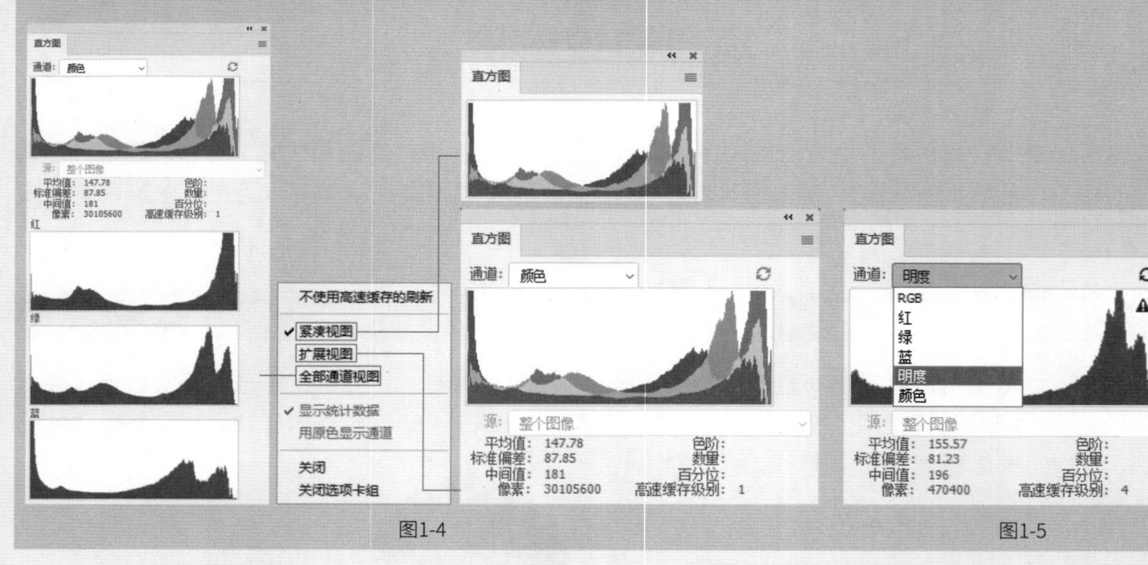

图1-4　　图1-5

选择“明度”通道，如图1-6所示。直方图的色阶范围也是0（黑）~255（白），某处的“山峰”越高，表示图像此处包含的像素越多。“山峰”的范围越广，说明明度信息越多、像素分布越丰富，画面过渡越细腻。

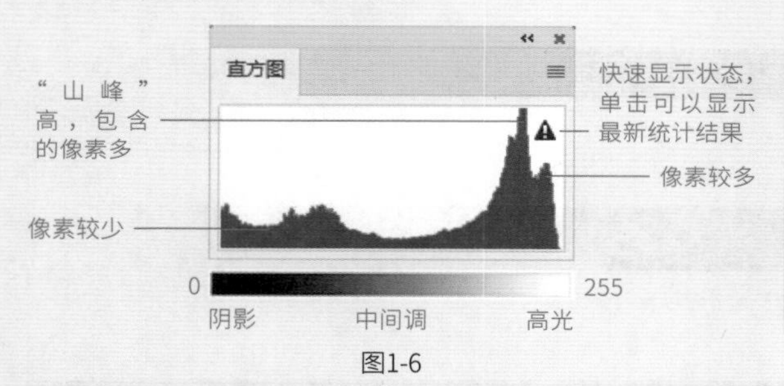

图1-6

提示

如果在调整过程中直方图出现梳齿状空隙，则表示色调出现了断裂的情况，即色调分离，如图1-7所示。具有这种直方图的图像的细节较少，除了制作特殊效果，已经不再适合编辑。在编辑小尺寸、低分辨率的图像时，如果进行了多次调整或者调整幅度较大，则可能出现色调分离的情况。

图1-7

曝光信息与直方图密切相关。在直方图中，可以通过观察波峰的位置和形状来判断曝光信息。曝光准确的图像，其亮部、暗部和中间调的细节都清晰、完整，同时光影层次丰富，对应的直方图从左到右都有像素分布，如图1-8所示。

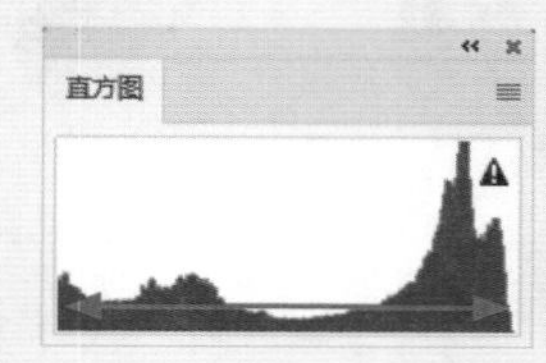

图1-8

如果波峰在左侧，说明图像整体偏暗，可能存在曝光不足的问题，如图1-9所示。如果波峰在右侧，说明图像整体偏亮，可能存在曝光过度的问题，如图1-10所示。

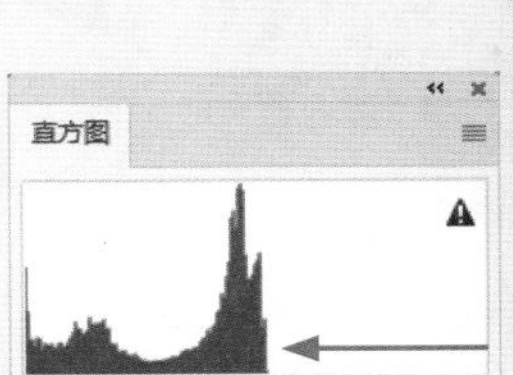

图1-9

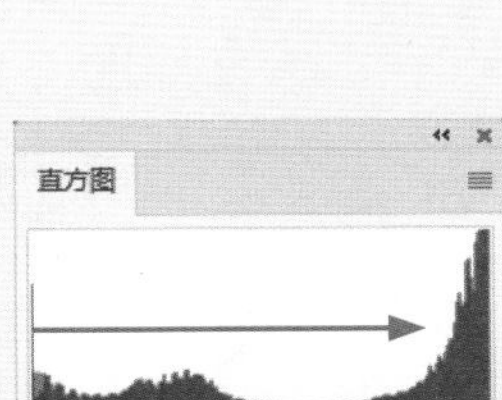

图1-10

如果直方图的两侧（代表暗部和亮部）缺少像素，而中间部分像素较多，这表示图像的明暗对比度较低，缺乏明显的亮部和暗部。这种图像的整体色调偏灰，缺乏层次感和立体感，如图1-11所示。在后期处理时，可以通过调整明暗对比使画面更加生动。

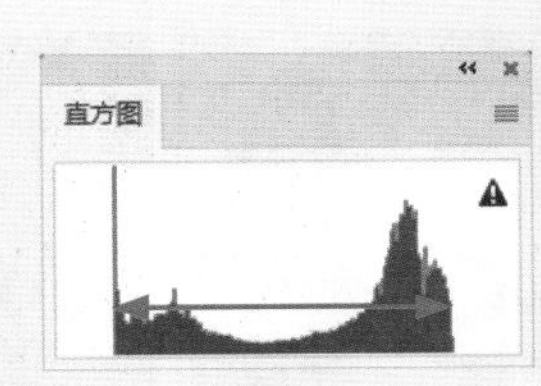

图1-11

人像修图的工作流程

扫码看教学视频

人像修图的步骤并不是一成不变的，具体的步骤应根据不同的需求和图像情况进行调整。重要的是保持对细节的关注和审美的一致性，以确保最终的修图效果符合客户的期望和要求。人像修图的工作流程可以概括为以下步骤。

初步分析：拿到原片后，先对原片进行初步分析，找出需要修饰的部分和可能存在的问题。

确定图像基调：调整曝光和白平衡（色温和色调），确保图像的整体明暗关系和谐和色温平衡，避免对比过于强烈，并适当保留一些灰度信息。此阶段的主要任务是调整图像的基调，而不是进行具体的色彩调整，调整前后的图像对比效果如图1-12所示。

原图

效果图

图1-12

二次构图与去脏：进行二次构图，校正图像的水平线，确保人物位于画面中心，如图1-13所示。同时，去除画面中的多余元素，如远景中不必要的杂物等，使画面更加整洁，如图1-14所示。

原图

效果图

图1-13

原图

效果图

图1-14

磨皮处理：对人物的皮肤进行磨皮处理，去除瑕疵，使皮肤看起来更加光滑细腻，如图1-15所示。

原图

效果图

图1-15

液化调整：根据需要对人物的面部和身材进行液化调整，如瘦脸，如图1-16所示。液化时需要注意保持自然，避免过度修改，过度修改的图像如图1-17所示。

图1-16

图1-17

细节调整：在进行整体调整后，对图像的细节进行调整，包括锐化、降噪等，以提高图像的清晰度和质感，如图1-18所示。

图1-18

最终调色：在完成前面的步骤后，对图像进行最终的色彩调整。根据客户的需求和喜好，调整图像的色调、饱和度等参数，使图像的色彩符合客户的要求，如图1-19所示。

图1-19

合成和添加特效： 根据需求，可以对多张图像进行合成或添加特效，如添加光影效果、进行背景替换等，以增强图像的视觉效果，如图1-20所示。

图1-20

后期检查和优化： 对修饰后的图像进行后期检查和优化，确保图像的质量和效果符合需求，并进行必要的调整和优化。

输出与交付： 选择适当的图像格式进行保存，然后将图像交付给客户或进行后续的处理。

任务实施

资源文件：学习资源>项目一>揭开主播海报的神秘面纱

直播宣传海报的人像修饰与制作是提升直播吸引力的关键步骤。在修饰人像时，需确保人像的清晰度，并对细节进行调整。在制作海报时，应突出直播主题，使用美观的图形与配色吸引观众的注意力，并加入互动元素提高观众的参与度。

任务1.1 镜中倩影，美颜初现：探索人像修图之奥秘

在进行修图操作前，需要与客户沟通，明确修图的目的和需求。本项目的主要任务是制作宣传海报，对人物的光影、皮肤和脸型等进行修饰，在保持人物真实性的基础上，使人物形象更加生动自然，如图1-21所示。

图1-21

1.笔触之下，神韵渐显：初步分析人像修图的要点

01 启动Photoshop，然后执行“文件>打开”菜单命令或者按快捷键Ctrl+O，在“打开”对话框中选择资源文件夹中的“学习资源>项目一>揭开主播海报的神秘面纱>素材文件>素材01.jpg”文件，接着单击“打开”按钮 打开(O) ，如图1-22所示。打开的文件如图1-23所示。

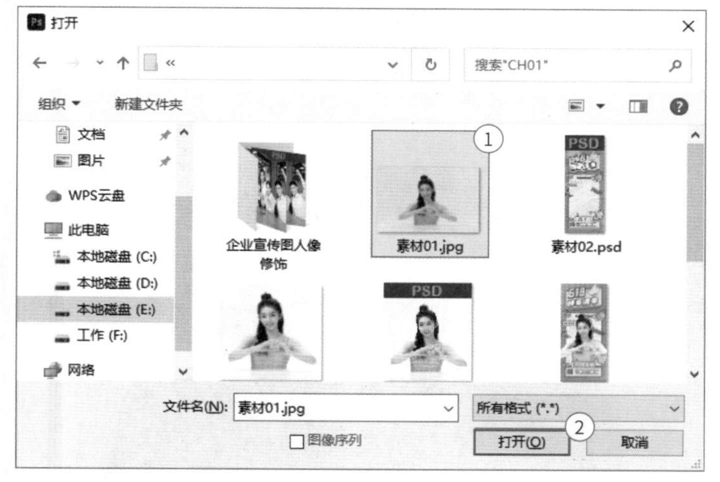

图1-22

图1-23

知识点：认识Photoshop的工作界面

Photoshop的工作界面包含菜单栏、工具箱、工具选项栏、文档窗口、状态栏、多个面板及上下文任务栏，如图1-24所示。Photoshop 2024的菜单栏包含12个菜单，单击相应的菜单名称，即可打开该菜单。工具箱集合了大部分工具，当选择工具箱中的某个工具时，工具选项栏中会显示相应的参数。文档窗口是显示和处理图像的区域。状态栏位于工作界面底部的左下角，可以显示当前文档的大小、尺寸、视图比例和分辨率等信息。面板用于配合处理图像、控制操作及设置参数等。执行“窗口”菜单中的命令可以打开不同的面板，当前在工作界面中显示的面板对应的命令处于勾选状态。

图1-24

上下文任务栏是Photoshop 2024特有的区域并在图像处理过程中持续存在，用于提供相关的操作选项。上下文任务栏会根据当前的操作和选择的对象动态变化，以显示相关的操作选项。例如，当创建一个选区后，上下文任务栏会显示在画布上，并根据可能的下一步操作提供多个选项，包括修改选区、反相选区、从选区创建蒙版和填充选区等。单击上下文任务栏中的“更多选项”按钮···，可以隐藏栏、重置或固定栏位置，如图1-25所示。

图1-25

02 观察图像，可以看到整幅图像有些曝光不足；按快捷键Ctrl++放大画面，可以看到人物脸上有一些细纹和瑕疵需要修复，如图1-26所示。

提示

缩放画面的快捷键除了Ctrl++与Ctrl+-，还有Alt键+鼠标滚轮（这种方式可以平滑地快速缩放画面），具体的操作方法是按住Alt键并滚动鼠标滚轮。

图1-26

2.构图初定，基调明确：奠定整体风格与再构图

01 按快捷键Ctrl+J将“背景”图层复制一层，然后执行“图层>新建调整图层>曝光度”菜单命令，或者单击“图层”面板下方的“创建新的填充或调整图层”按钮，在弹出的菜单中执行“曝光度”命令，在当前图层上方创建调整图层，如图1-27所示。

扫码看教学视频

图1-27

知识点：认识图层与调整图层

图层就像是透明的玻璃，每块玻璃上承载着图像和文字等信息，将它们按照一定的顺序堆叠在一起，就可以形成完整的图像，如图1-28所示。

图层原理　“图层”面板　图像效果

图1-28

图层是可以移动和单独调整的，对某个图层进行操作不会影响其他图层中的内容，如图1-29所示。图层的顺序是可以调整的，调整图层顺序类似于移动玻璃的堆叠顺序，上层玻璃会盖住下层玻璃的内容，这时有些内容可能会因为图层顺序的调整而被遮挡，如图1-30所示。

图1-29

图1-30

在调整图像的色调和颜色时，执行“图像>调整”子菜单中的命令后，产生的效果不可修改；而执行“图层>新建调整图层”子菜单中的命令，或者单击“图层”面板下方的“创建新的填充或调整图层”按钮，在弹出的菜单中执行相应命令，即可在当前图层上方创建调整图层，如创建“亮度/对比度”调整图层，如图1-31所示。调整图层不会破坏原始图像，而且可以随时修改相关参数。在不需要调整图层时，还可以将其隐藏或者删除。

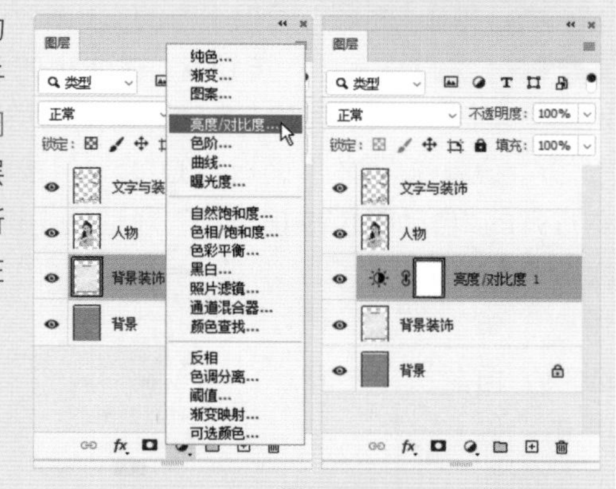

图1-31

选择调整图层，即可在“属性”面板中调整相关参数，如图1-32所示。单击“属性”面板下方的按钮，即可将调整图层创建为其下方图层的剪贴蒙版，使其调整效果仅对下方图层有效，如图1-33所示。调整后的效果如图1-34所示。

图1-32

图1-33

图1-34

02 在“属性”面板中设置“曝光度”为+0.22，如图1-35所示。调整后的效果如图1-36所示。

图1-35

图1-36

> **提示**
>
> 当计算机或Photoshop出现错误，或者出现断电等情况时，所有的操作都可能会丢失，所以一定要养成经常保存文件的良好习惯。执行“文件>存储”菜单命令（快捷键为Ctrl+S）可以保存文件。如果想另存一份文件，可以执行“文件>存储为”菜单命令（快捷键为Shift+Ctrl+S）。执行“文件>存储为”菜单命令，打开“存储为”对话框，在其中可以修改文件的存储路径、名称和格式。

03 单击“图层”面板下方的“创建新的填充或调整图层”按钮，在弹出的菜单中执行“曲线”命令，创建“曲线”调整图层，然后按住Alt键单击“属性”面板中的“自动”按钮，在打开的“自动颜色校正选项”对话框中选择“查找深色与浅色”单选项，再单击“确定”按钮，如图1-37所示。调整后的效果如图1-38所示。

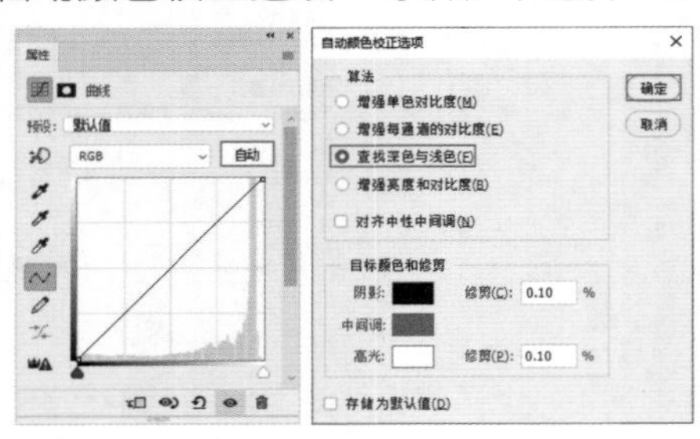

图1-37

图1-38

04 按C键选择“裁剪工具”，然后拖曳画布四周的裁切框，如图1-39所示。按Enter键确认操作，效果如图1-40所示。

图1-39

图1-40

> **提示**
>
> 单击“裁剪工具”选项栏中的“拉直”按钮，然后沿着图像中的水平线或者垂直线绘制一条直线段，即可校正图像的水平线。

3.肌肤如丝，柔滑细腻：深入学习磨皮处理技巧

扫码看教学视频

01 单击“图层”面板底部的“创建新图层”按钮，创建一个空白图层，如图1-41所示。按J键选择“污点修复画笔工具”，并勾选“对所有图层取样”复选框，然后按[键和]键调整画笔大小，在痘痘上单击即可将其去除，如图1-42所示。再单击其他的痘痘和一些细小的颗粒，将这些瑕疵全部去除，效果如图1-43所示。

图1-41

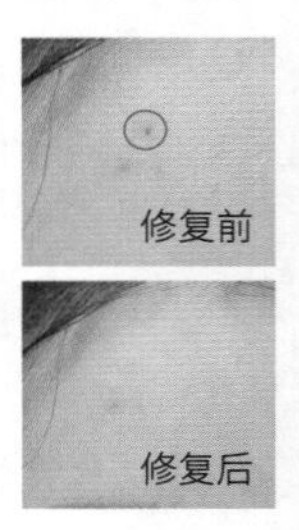

图1-42

图1-43

> **提示**
>
> 当操作失误时，可以执行“编辑>还原”菜单命令或者按快捷键Ctrl+Z进行还原。按多次快捷键Ctrl+Z，可还原多步操作。如果还原了正确的操作，可以执行“编辑>重做”菜单命令或者按快捷键Shift+Alt+Z依次恢复撤销的操作。

02 眼睛下方的细纹不能用默认的画笔设置进行修复，需要设置画笔的“硬度”为0%，如图1-44所示，否则修出来的纹理会比较

生硬。设置完成后，按住鼠标左键并沿着细纹拖曳鼠标，去除细纹，如图1-45所示。

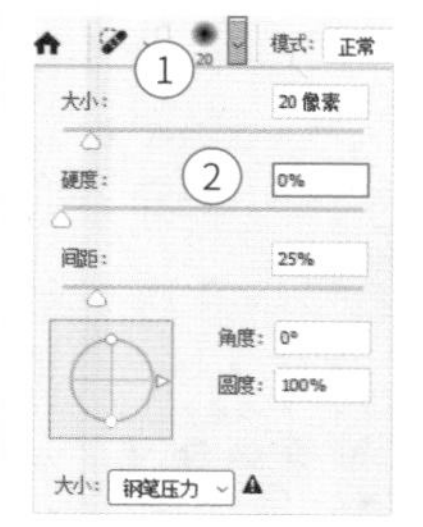

图1-44

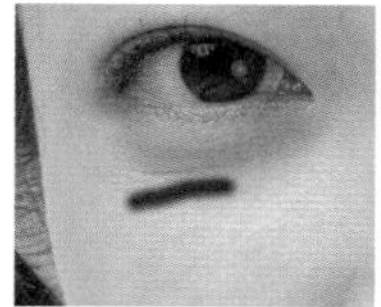
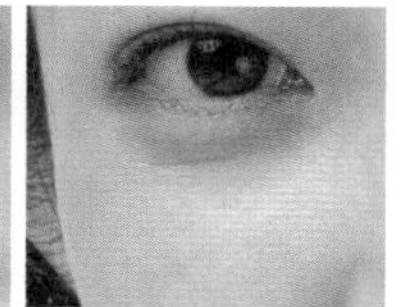

图1-45

03 眼睛下方比较深的皱纹需要用“修复画笔工具”进行修复。选择“修复画笔工具”，在选项栏中设置“样本”为“所有图层”，接着按住Alt键吸取皱纹周围的像素，如图1-46所示，再沿着皱纹进行绘制，先去除一部分皱纹，如图1-47所示。重复操作，修复其他的部分，效果如图1-48所示。

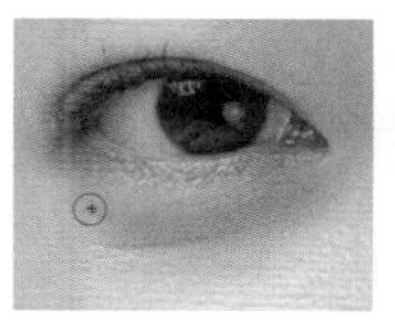

图1-46

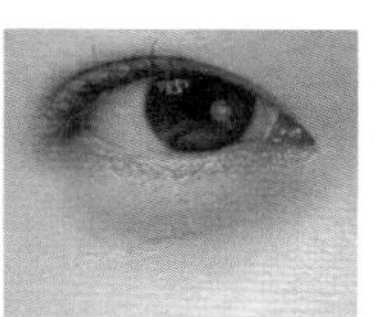

图1-47

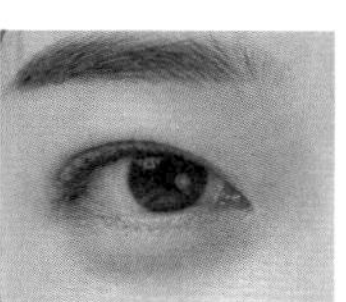

图1-48

提示

单击工具按钮，即可选择相应工具。如果工具按钮的右下角带有三角形图标，则表示这是一个工具组。在按钮上单击鼠标右键或者长按鼠标左键，即可打开隐藏的工具，如图1-49所示。J键为修复工具组中工具的快捷键，按住Shift键再按J键可以在这个工具组中切换工具。

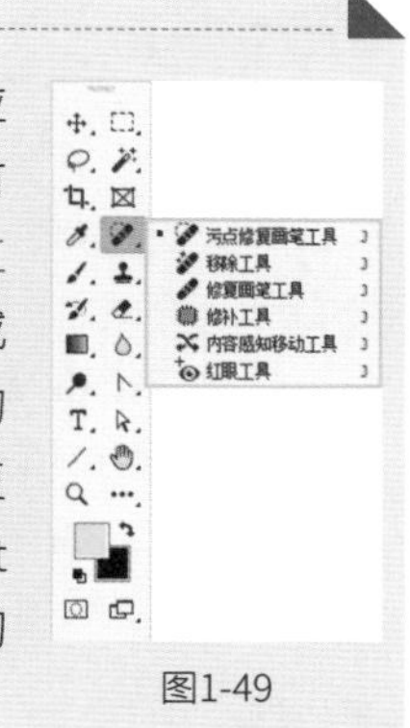

图1-49

04 用同样的方法修复脸上的其他细纹和瑕疵，修复前后的对比效果如图1-50和图1-51所示。然后修复脖子上的细纹，修复后的效果如图1-52所示。

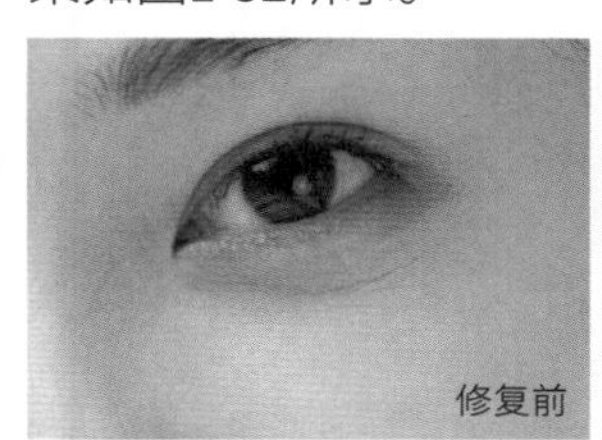

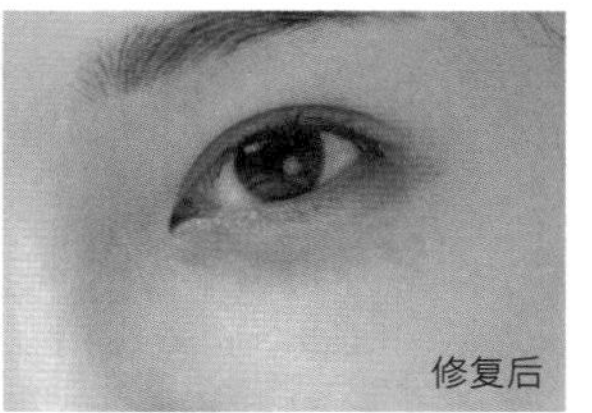

图1-50

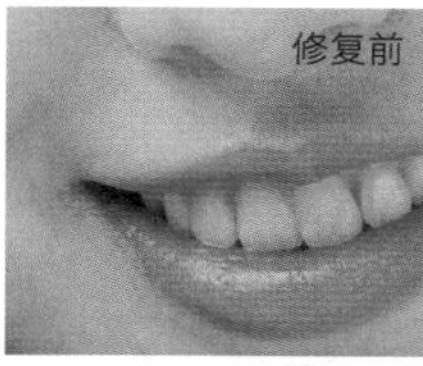

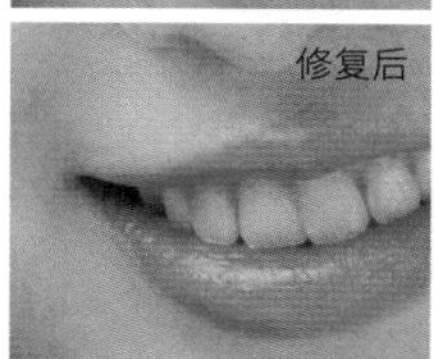

图1-51

图1-52

05 按快捷键Shift+Ctrl+Alt+E将所有可见图层盖印到一个新的图层中，在这个图层上单击鼠标右键，在弹出的菜单中执行“转换为智能对象”命令，将这个图层转换为智能对象，如图1-53所示。接着执行“图像>调整>反相”菜单命令或者按快捷键Ctrl+I，对图像的色相进行反转，效果如图1-54所示。

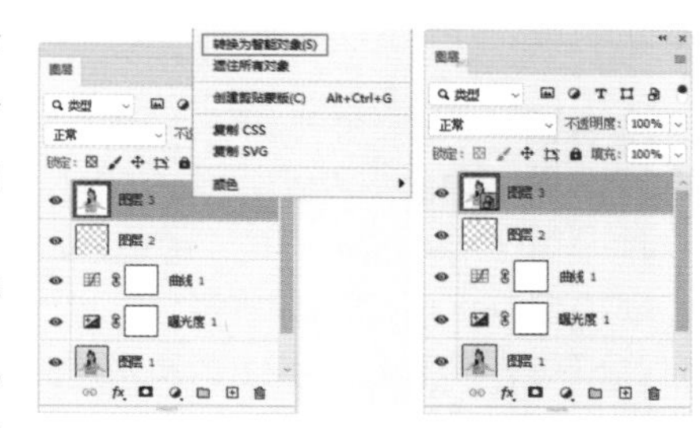

图1-53

图1-54

06 在“图层”面板中将“图层3”的混合模式修改为“亮光”，以锐化人像的轮廓，并提高图像的清晰度，效果如图1-55所示。

图1-55

07 执行“滤镜>其他>高反差保留”菜单命令，打开“高反差保留”对话框，拖曳“半径”滑块，观察画布中人物的皮肤效果，直到皮肤变得平滑，如图1-56所示。这一步非常关键，“半径”值过小会导致皮肤产生大块色斑，过大则会导致图像丢失细节。

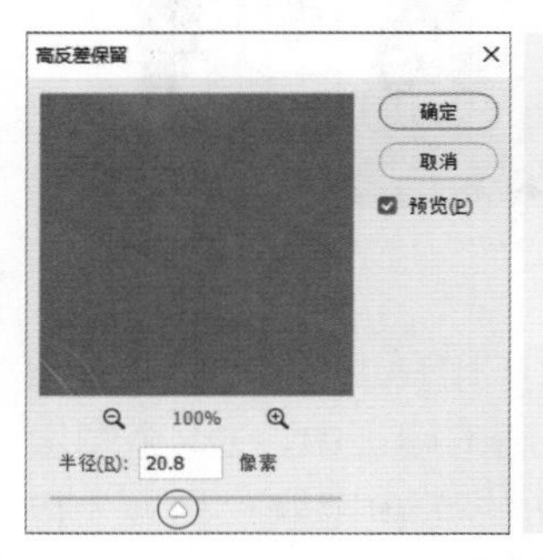

图1-56

> **提示**
>
> 本例使用的磨皮方法为高反差保留法，该方法可以保留图像中反差比较大的部分，而其他部分会变成中性灰区域，如眼睛、嘴唇、头发等可以清晰地保留下来，还可以保留皮肤的质感和纹理细节。

08 执行“滤镜>模糊>高斯模糊”菜单命令，打开“高斯模糊”对话框，拖曳“半径”滑块，观察画布中人物的皮肤效果，直到皮肤出现比较细腻的纹理细节，如图1-57所示。这一步也非常关键，“半径”值过小会导致细节丢失，过大又会呈现原始皮肤的效果。

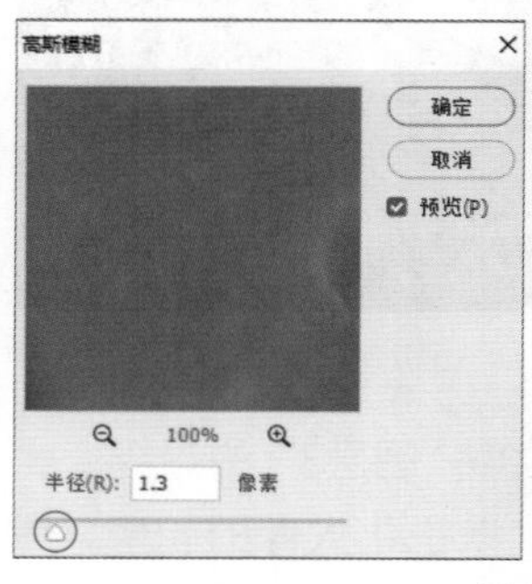

图1-57

09 按住Alt键单击“图层”面板中的“添加图层蒙版”按钮，为“图层3”添加一个黑色的图层蒙版，如图1-58所示。单击工具箱下方的“默认前景色和背景色”图标（快捷键为D），设置前景色为白色。按B键选择“画笔工具”，在选项栏中选择“柔边圆”画笔，并设置“大小”为100像素，接着设置“不透明度”为60%，“流量”为80%，如图1-59所示。

图1-58

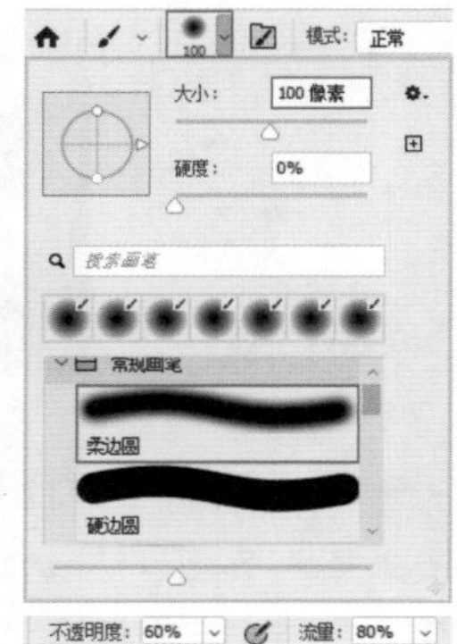

图1-59

> **提示**
>
> 在通常情况下，前景色用于绘制图像、创建文字、填充和描边选区等。背景色用于填充图像被擦除的区域及扩展画布时的新增区域等。在工具箱下方可以分别设置前景色与背景色、切换前景色和背景色，以及将其恢复为默认颜色，如图1-60所示。默认的前景色为黑色，背景色为白色。如果选择的是图层蒙版，那么前景色会变为白色，背景色变为黑色。
>
> 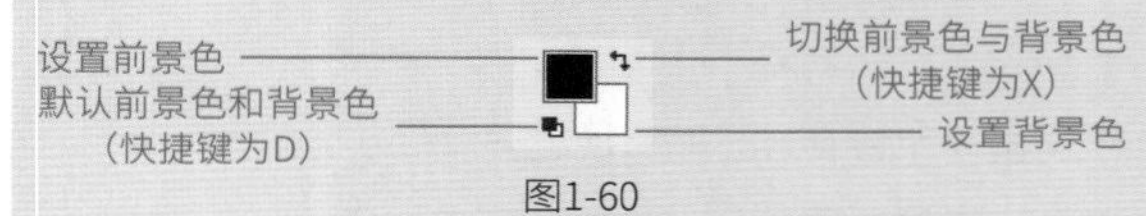
>
>
> 图1-60
>
> 按快捷键Alt+Delete，可以将画布填充为前景色；按快捷键Ctrl+Delete，可以将画布填充为背景色；如果在按填充前景色或背景色的快捷键时，按住Shift键，可以填充图层中的像素区域，而不会影响到透明区域。当画布中有选区时，按对应的快捷键可以对选区进行填充。

10 用白色的画笔在皮肤上涂抹（即进行磨皮），注意避开眼睛、嘴巴和牙齿，完成后的效果如图1-61所示。

图1-61

4.巧妙液化，形态更美：掌握液化调整精髓

扫码看教学视频

01 按快捷键Shift+Ctrl+Alt+E盖印所有可见图层，并将该图层转换为智能对象，然后执行“滤镜>液化”菜单命令或按快捷键Shift+Ctrl+X，打开“液化”对话框，如图1-62所示。

图1-62

02 对人物的脸型进行简单修饰。按快捷键Ctrl++放大画面，按W键选择“向前变形工具”，然后调整该工具的属性，如图1-63所示。按住鼠标左键在人物的脸颊上拖曳鼠标，调整脸型，如图1-64所示。

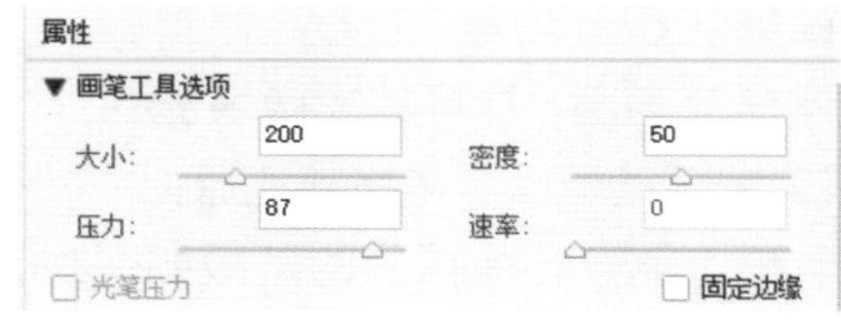

图1-63

图1-64

提示

使用“向前变形工具”调整脸型时可能会改变嘴巴、鼻子等不需要变形的区域，可以使用“冻结蒙版工具”（快捷键为F）涂抹眼睛、鼻子和嘴巴等区域，将这些重要部位先保护起来，如图1-65所示。操作完成后，使用“解冻蒙版工具”（快捷键为D）取消保护即可。

图1-65

03 在对话框右侧的“人脸识别液化”中调整人物的眼睛、鼻子、嘴唇和脸部形状，参数设置如图1-66所示。按Enter键确认操作，调整后的效果如图1-67所示。

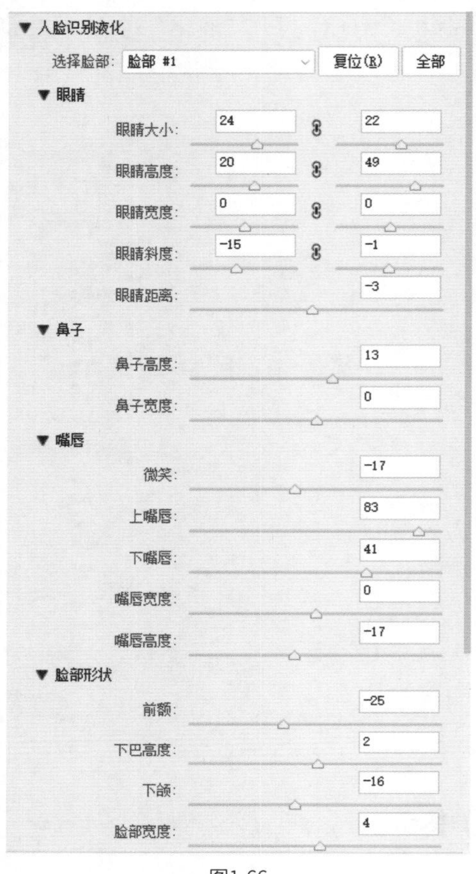

图1-66

图1-67

5.梦幻后期，优化输出：呈现最终精美效果

01 调整后图像整体的层次感不够且没有质感。使用“曲线”命令和蒙版可以提亮画面的亮部，压暗画面的暗部，以提升画面层次感。创建“曲线”调整图层，然后双击图层名称将其重命名为“提亮”，接着整体提亮画面，并将其蒙版填充为黑色，如图1-68所示。使用白色的画笔涂抹“提亮”调整图层的蒙版，将亮部还原，涂抹时可以根据区域的大小和画面的亮度调整画笔的大小和流量等。涂抹后的蒙版如图1-69所示，调整后的图像效果如图1-70所示。

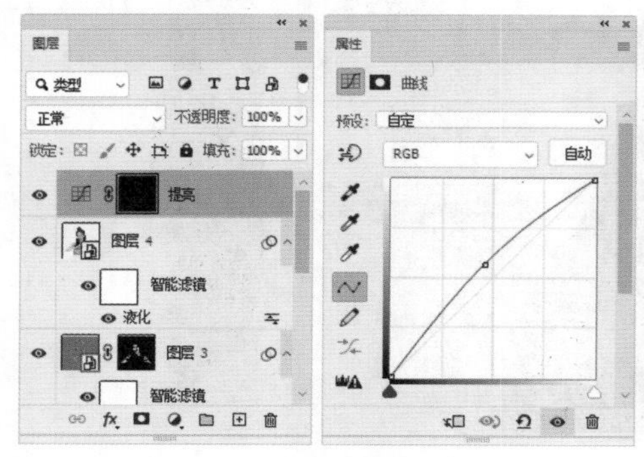

图1-68

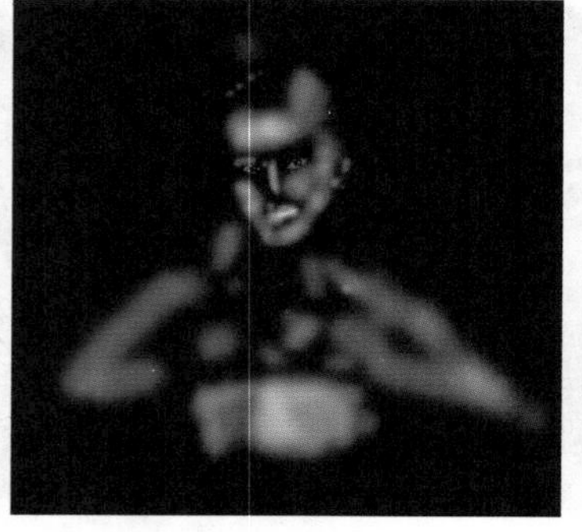

图1-69

图1-70

02 创建“曲线”调整图层并将其命名为“压暗”，接着整体压暗画面，并将其蒙版填充为黑色，如图1-71所示。使用白色的画笔涂抹“压暗”调整图层的蒙版，将暗部还原。涂抹后的图层蒙版如图1-72所示。调整后的画面效果如图1-73所示。

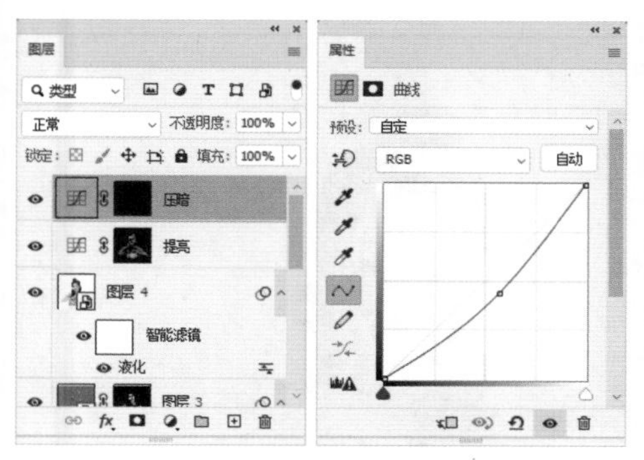

图1-71

图1-72

图1-73

03 按快捷键Shift+Ctrl+Alt+E盖印所有可见图层，然后执行“滤镜>其他>高反差保留”菜单命令，在弹出的“高反差保留”对话框中设置“半径”为1.2像素，如图1-74所示。设置该图层的混合模式为“叠加”，如图1-75所示。

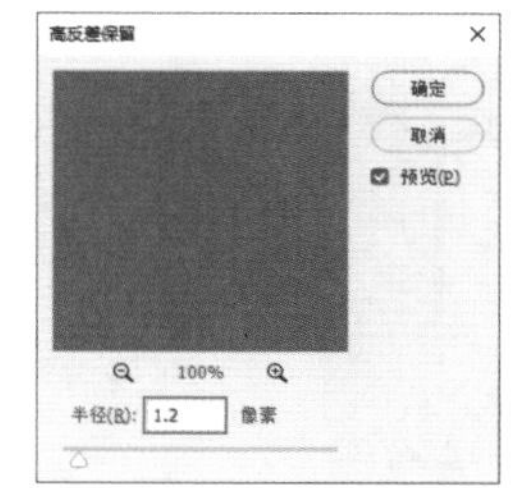

图1-74

图1-75

提示

“高反差保留”滤镜可以凸显图像中明显的边缘，主要用来对照片进行锐化与磨皮，是一个简单且实用的滤镜。这一步主要使用“高反差保留”滤镜进行锐化，放大图像后可以看到锐化前后的效果对比，如图1-76所示。如果觉得效果不够明显，可以将该图层再复制一份，或者增大“高反差保留”滤镜的“半径”值。

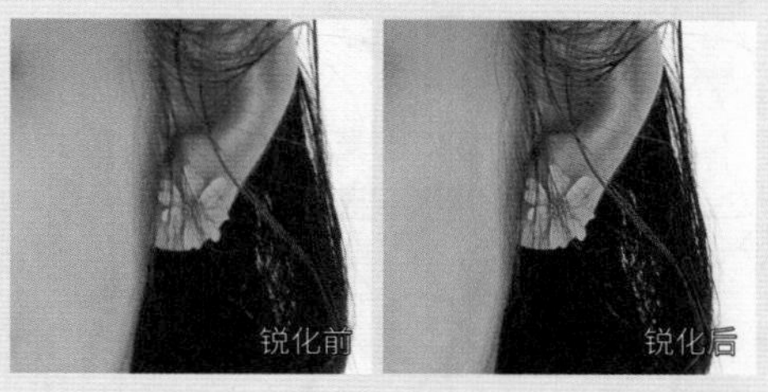

图1-76

04 执行“文件>导出>导出为”菜单命令，在打开的“导出为”对话框中设置“格式”为JPG，“品质”为7，然后单击“导出”按钮 导出 将图像导出，如图1-77所示。

图1-77

任务1.2 创意涌动，海报生辉：打造独特的宣传海报

对人物进行抠图处理，然后将其放到宣传海报的模板中，如图1-78所示。

图1-78

1.精准抠图，人物鲜活：抠取人物图像

扫码看教学视频

01 人物图像带有原始背景，制作海报时需要通过抠取人像将背景去除。将上一任务导出的图像在Photoshop中打开，然后执行“选择>主体”菜单命令，创建人物选区，如图1-79所示。

图1-79

提示

选区用于限定操作范围。当没有选区时，Photoshop会默认编辑整幅图像。如果只想编辑图像局部，那么需要创建选区，选中需要编辑的区域，再进行相关的操作。此外，利用选区可以分离图像和抠图。

02 按快捷键Ctrl++放大画面，然后按M键选择“矩形选框工具”，按住Shift键将头顶漏选的区域添加到选区中，如图1-80所示。按住Alt键将衣服下方多余的区域从选区中减去，如图1-81所示。

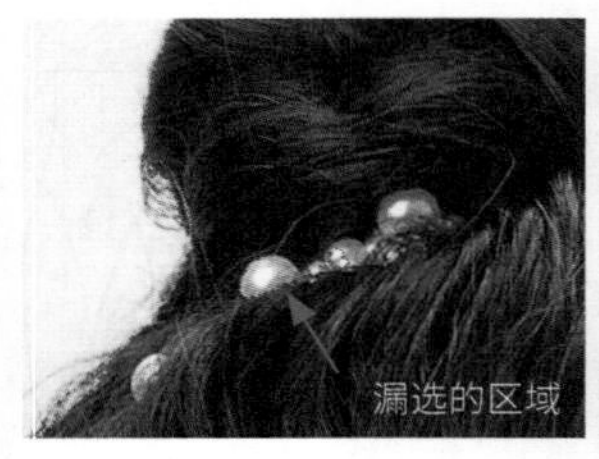

图1-80

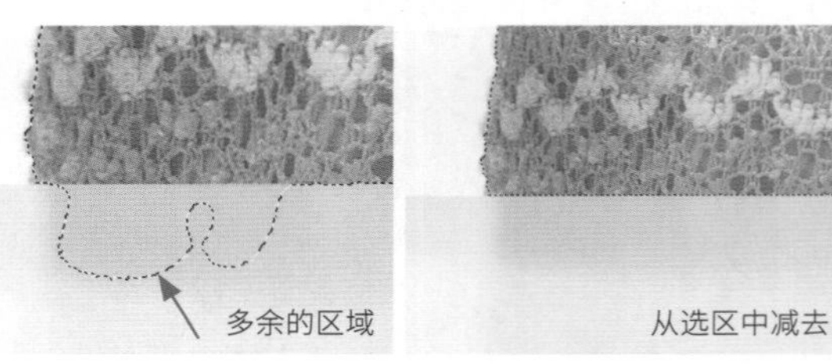

图1-81

03 按快捷键Ctrl+J将选区中的图像复制到新的图层中，将“图层1”转换为智能对象并重命名为“人物”，如图1-82所示。单击“背景”图层前面的👁图标可以隐藏“背景”图层，隐藏后可以看到抠图效果，如图1-83所示。

> **提示**
>
> 在Photoshop的图层中，灰白格表示透明区域，如图1-84所示。
>
> 
>
>
> 图1-84

图1-82

图1-83

2.匠心独运，创意无限：将人物巧妙融入海报模板

01 人物图像抠取完成后，可以将其置入海报模板，并添加简单的效果。打开“素材02.psd”文件，按V键选择“移动工具”✥，然后将“人物”图层拖曳到“素材02.psd”文档中，如图1-85所示。

图1-85

02 在“图层”面板中选择“人物”图层，然后执行“编辑>自由变换”菜单命令或者按快捷键Ctrl+T打开定界框，如图1-86所示。按住Alt键拖曳定界框，将人物等比缩小，如图1-87所示。将人物放到合适的位置，按Enter键确认操作，如图1-88所示。

图1-86

图1-87

图1-88

03 单击“图层”面板底部的“创建新图层”按钮⊞，创建一个空白图层，并将其置于“人物”图层的下方，如图1-89所示。按住Ctrl键单击“人物”图层，载入人物选区，如图1-90所示。

图1-89

图1-90

04 执行“选择>修改>扩展”菜单命令，在弹出的“扩展选区”对话框中设置“扩展量”为15像素，将选区向外扩展15像素，如图1-91所示。在“图层16”中将选区填充为白色，如图1-92所示。

图1-91

图1-92

05 在“图层16”下方新建一个空白图层，并在其中将选区填充为黑色，如图1-93所示。按快捷键Ctrl+D取消选区，然后按→键将“图层17”向右移动一定距离，如图1-94所示。

图1-93

图1-94

06 在“人物”图层上方创建“色阶”调整图层，然后在“属性”面板中向左拖曳白色滑块，使图像变亮一些，接着单击按钮，使该图层只对“人物”图层产生影响，如图1-95所示。最终效果如图1-96所示。保存文件并导出JPEG格式的图像。

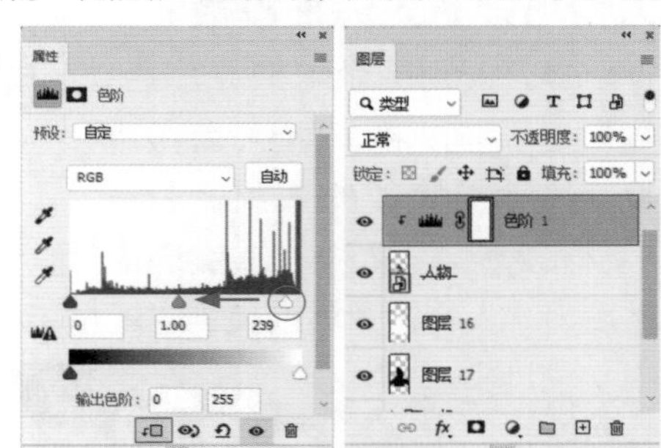

图1-95

图1-96

项目总结与评价

项目总结

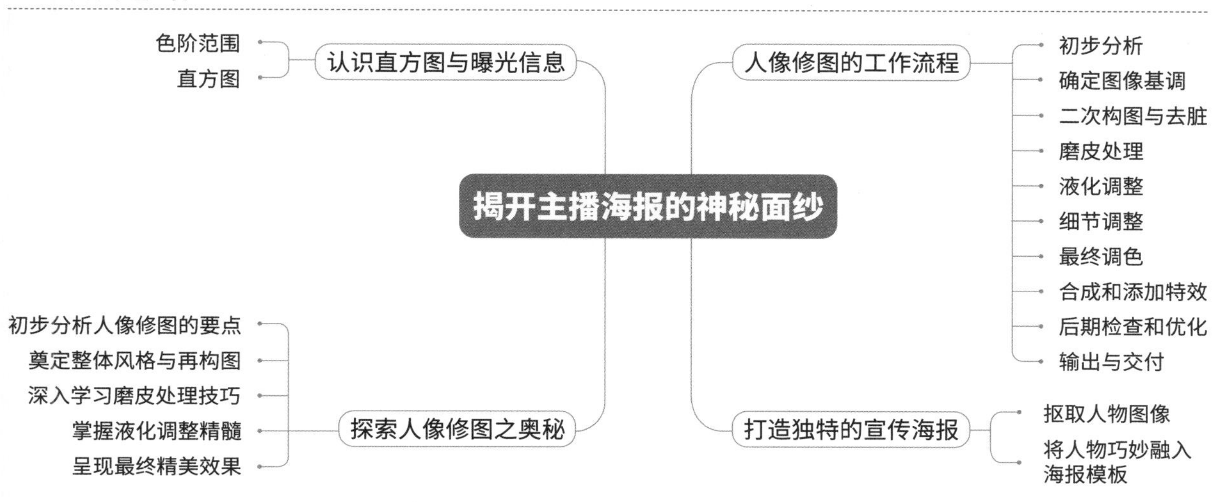

项目评价

评价内容	评价标准	分值	学生自评	小组评定
人像修图的要求	掌握人像修图的基础知识	5		
	能够总结人像修图的工作流程	5		
探索人像修图之奥秘	能够在 Photoshop 中按照指定路径打开素材	3		
	能够使用快捷键复制图层	3		
	能够使用“曝光度”命令与“曲线”命令调整图像的亮度和对比度	5		
	能够使用“裁剪工具”裁剪画布	5		
	能够使用“污点修复画笔工具”修复瑕疵	5		
	能够使用“修复画笔工具”修复脸部细纹	5		
	能够使用快捷键将所有可见图层盖印到一个新的图层中	3		
	能够使用“反相”命令将图像中的颜色转换为其补色	4		
	能够设置图层的混合模式	4		
	能够使用“高反差保留”命令保留人物轮廓、皮肤质感和纹理等细节	5		
	能够使用“高斯模糊”命令使皮肤变得平滑	5		
	能够使用快捷键添加图层蒙版，并将蒙版填充为黑色	4		
	能够使用“液化”滤镜中的“向前变形工具”调整人物的脸型	4		
	能够使用“液化”滤镜中的“人脸识别液化”功能调整人物的眼睛、鼻子、嘴唇和脸部形状	4		

续表

评价内容	评价标准	分值	学生自评	小组评定
打造独特的宣传海报	能够使用“主体”命令创建人物的选区，并抠取人物图像	5		
	能够使用“矩形选框工具”创建选区，并在原选区的基础上添加或减去选区	5		
	能够使用“自由变换”命令对图像进行等比例缩放	4		
	能够使用快捷键载入人物选区	4		
	能够使用“扩展”命令对选区进行扩展	5		
	能够使用“色阶”命令调整图像亮度	3		
文件归档	能够使用“导出为”命令导出 JPEG 格式的图像，并对制作的文件进行整理、输出	5		
综合得分		100		

拓展训练：企业宣传图人像修饰

资源文件：学习资源>项目一>拓展训练：企业宣传图人像修饰

某摄影工作室图像处理部门接到了摄影部发来的修饰某企业员工照片的工作任务，现安排修图师在8小时内完成人像的修饰，修图前后的对比效果如图1-97所示。

图1-97

设计要求

- 设计尺寸：保留原片尺寸（校正水平线后可适当裁剪）。
- 分辨率：300像素/英寸。
- 颜色模式：RGB。
- 源文件格式：PSD。
- 预览图格式：JPEG。

步骤提示

① 启动Photoshop，打开照片并初步分析照片存在的问题。

② 调整照片的曝光与白平衡，然后校正照片的水平线。

③ 分别对人物进行磨皮。

④ 分别对人物进行液化。

⑤ 调整细节并输出照片。

项目二

丰收之景，海报传情

制作助农商品数字宣传海报

项目介绍

情境描述

我们收到了某短视频平台助农带货工作室设计部发来的五常大米商品照片素材，要求完成该商品海报的设计合成工作，以便在短视频平台进行推广和宣传。

首先制订抠取图像、制作背景、制作光影、文字排版等合成计划。然后通过蒙版、渐变和模糊等技术手段完成大米商品海报的设计创作。最后完成源文件的命名与文件的归档工作，确保所有文件都能有序、高效地管理和检索。

任务要求

根据任务的情境描述，要求在12小时内完成大米商品海报的制作任务。

① 在海报的制作过程中，准确进行商品抠图、背景制作、光影制作和文字添加，确保参数设置准确无误。

② 海报源文件颜色模式为RGB，分辨率为72像素/英寸，尺寸为1080像素×1920像素（竖版）。

③ 按照工作时间节点对制作的文件进行整理、输出，并确保提交的文件符合客户的各项要求。

- 一份PSD格式的海报制作源文件。
- 一份JPEG格式的海报制作展示文件。

学习技能目标

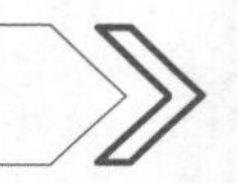

- 能够使用“主体”命令创建大米选区。
- 能够使用“选择并遮住”命令进行抠图 。
- 能够使用“快速选择工具”创建选区，并在原选区的基础上添加或减去选区。
- 能够使用“选择并遮住”工作区中的“画笔工具”擦除背景。
- 能够设置“选择并遮住”工作区输出图像的方式。
- 能够使用“导出为”命令导出PNG格式的图像。
- 能够使用“新建”命令新建文档。
- 能够将素材文件拖曳至画布中，能够等比例缩放图像并拖曳到合适的位置。
- 能够为图层添加图层蒙版。
- 能够设置渐变色，并使用“渐变工具”在图层蒙版中绘制渐变色。
- 能够使用“高斯模糊”命令模糊远景。
- 能够设置“画笔工具”的相关参数，并使用“画笔工具”涂抹蒙版以控制图像的显示和隐藏。
- 能够创建“曲线”调整图层，并将“曲线”调整图层创建为素材图层的剪贴蒙版。
- 能够使用“渐变工具”绘制从黑色到透明的渐变。
- 能够使用“曲线”调整图层压暗画面，以及画面中的亮部或暗部。
- 能够使用“曲线”调整图层和图层蒙版调整部分区域的明暗。
- 能够使用“色彩平衡”调整图层的图层蒙版调整部分区域的色调。
- 能够使用黑色的“柔边圆”画笔在物品的底部画出阴影。
- 能够通过添加图层蒙版擦除大米的灰边。
- 能够使用“横排文字工具”输入文字，并设置文字的字体和字号等参数。
- 能够为文字添加“斜面和浮雕”和“渐变叠加”图层样式，并设置相关参数。
- 能够使用“矩形工具”创建圆角矩形。
- 能够复制“渐变叠加”效果到其他图层。

- 能够创建“亮度/对比度”调整图层。
- 能够使用“导出为”命令导出JPEG格式的图像。

项目知识链接

在正式成为一名设计师之前，需要掌握一些图像的基础知识，如像素、位图与矢量图、颜色模式等。只有深入理解这些核心要素，才能在设计过程中避免发生常见的错误，确保作品的质量和效果。

认识位图和矢量图

扫码看教学视频

位图又称点阵图像或栅格图像，是由像素组合而成的。每个像素都有特定的颜色和位置，像素组合在一起就形成了具有连续色调的图像。当放大位图时，可以看见图像上的小方块，如图2-1所示。这些小方块就是像素，一个小方块就是1像素。位图广泛应用于扫描仪和其他数码设备的图像存储和显示，也被用于网页设计、平面设计、视频游戏制作等领域。常见的位图格式包括JPEG、GIF、PNG和BMP等。位图的特点是可以表现色彩的变化和颜色的细微过渡，产生逼真的效果，缺点是在保存时需要记录每一个像素的位置和颜色值，会占用较大的存储空间，且位图与分辨率有关。也就是说，位图包含固定数量的像素。因此，如果在屏幕上以高缩放比例对位图进行缩放，或以低于创建时的分辨率来打印位图，则会丢失部分细节，并出现锯齿。

图2-1

矢量图在数学中被定义为一系列由线连接的点，它具有颜色、形状、轮廓、大小和屏幕位置等属性。矢量图只能由软件（如Illustrator和CorelDRAW等）生成，其文件占用内存较小。矢量图以几何图形居多，无限放大后不会变色，也不会模糊，常用于图案、标志、VI（Visual Identity，视觉识别）系统和文字设计等。矢量图不受分辨率的影响。将视图放大至4800%，矢量图依然很清晰，如图2-2所示。因此矢量图可以任意放大或缩小而不会影响输出图像的清晰度，可以按最高分辨率显示到输出设备上。但是矢量图难以表现丰富的色彩层次。常见的矢量图形绘制软件有Illustrator和CorelDRAW，这两个软件常用于图形设计、版式设计、文字设计和标志设计等。

图2-2

颜色模式

扫码看教学视频

颜色模式有位图模式、灰度模式、双色调模式、索引模式、RGB颜色模式、CMYK颜色模式、Lab颜色模式和多通道模式。在设计中，提到的颜色模式通常是指RGB颜色模式与CMYK颜色模式。

RGB颜色模式是一种发光模式，也叫"加光"模式。RGB代表Red（红色）、Green（绿色）和Blue（蓝色），在"通道"面板中可以查看3种颜色通道的状态信息。RGB颜色模式的图像只有在发光体（如手机、显示器、电视等显示设备）上才能显示出来，该模式所包含的颜色信息（色域）有1670多万种，是一种真色彩颜色模式，不存在于印刷品中。

CMYK颜色模式是一种印刷模式，也叫"减光"模式，是应用于印刷品的颜色模式。C、M和Y是3种印刷油墨名称的首字母，C代表Cyan（青色），M代表Magenta（洋红），Y代表Yellow（黄色），而K代表Black（黑色），为了避免与Blue（蓝色）混淆，因此黑色选用的是Black的最后一个字母。

简单来说，在电子显示屏上显示的图片要设置成RGB颜色模式，用于印刷的图片要设置成CMYK颜色模式。图2-3所示为色域图，红框内是RGB色域（电子显示屏应用的色彩空间），蓝框内是CMYK色域（印刷应用的色彩空间）。CMYK颜色模式包含的颜色总数比RGB颜色模式少很多，所以在显示器上观察到的图像要比印刷出来的图像鲜亮一些。因此，建立画布时一定要选择合适的颜色模式。

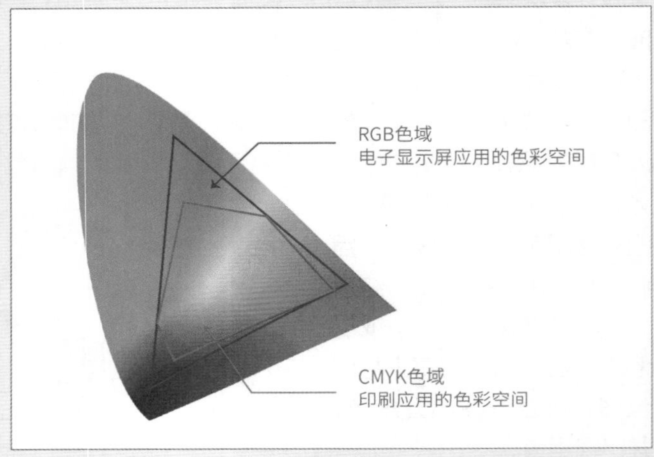

图2-3

单位与分辨率

扫码看教学视频

在设计过程中，选择合适的单位和分辨率至关重要。它们直接影响到设计作品的视觉效果、可读性和适应性。设计师需要根据具体的项目需求、输出媒介和目标受众选择合适的单位和分辨率，以确保设计作品的质量和效果。

在设计网页和手机界面等应用于电子显示屏的作品时，采用的单位是像素（px）；在设计海报和图书等需要实际印刷的作品时，采用的单位是厘米（cm）或毫米（mm）。设置尺寸时一定要看清单位。另外，在行业内有一个不成文的规定，在报尺寸时，通常会先报宽度，后报高度。例如，210mm×297mm表示作品的宽为210mm、高为297mm。

图像尺寸是指屏幕上显示的像素个数，以水平像素（宽度）和垂直像素（高度）来衡量。例如，如果图像尺寸为1600像素×1200像素，则图像的水平方向包含的像素个数为1600个，垂直方向包含的像素个数为1200个。在屏幕尺寸相同的情况下，图像尺寸越大，图像显示的效果就越精细。分辨率是由屏幕横向和纵向分布的像素数量决定的。对尺寸相同的屏幕来说，像素数量越多，其分辨率就越高，显示的画面也越清晰。图2-4所示为宽度和高度相同，但分辨率不同的3幅图像。可以看出低分辨率的图像有些模糊，而高分辨率的图像因为含有的像素较多，所以看起来十分清晰且细节丰富。

图2-4

输出分辨率指的是各类输出设备（如显示器、喷墨打印机、激光打印机、绘图仪等）每英寸可产生的点数。设计中提到的分辨率通常指的是输出分辨率。分辨率最终影响的是图像输出的清晰程度，分辨率越高，图像就越清晰。在Photoshop中，默认的分辨率的单位是“像素/英寸”，如果切换成“像素/厘米”，在分辨率数值不变的情况下，图片的清晰度提高，同时，文件占用的内存更大。日常所说的“72分辨率”和“300分辨率”等，都是基于“像素/英寸”而言的。在设计时，一定要根据设计需求选择合适的分辨率。表2-1所示为常见设计类型的文档单位、输出分辨率和颜色模式。

表2-1

设计类型	文档单位	输出分辨率	颜色模式
海报	厘米或毫米	72~150像素/英寸	CMYK
易拉宝	厘米或毫米	72~150像素/英寸	CMYK
户外喷绘	厘米或毫米	25~60像素/英寸（尺寸越大，输出分辨率越低）	CMYK
传单	厘米或毫米	300像素/英寸	CMYK
图书/画册	厘米或毫米	300像素/英寸	CMYK
名片	厘米或毫米	300像素/英寸	CMYK
电子显示屏图像（图标、UI、网页、Banner和详情页等）	像素	72像素/英寸	RGB

任务实施

资源文件：学习资源>项目二>制作助农商品数字宣传海报

在设计大米商品海报时，需要选择高质量的图片素材，注重色彩搭配和字体选择，突出该商品的特点与优势；还需考虑目标受众的需求和喜好，添加明确的呼吁行动的语句，引导消费者进行下一步操作。

任务2.1 商品抢眼，图像突出：精确抠取商品图像

商品图像中大米颗粒和水稻的边缘较为细腻，抠图时要确保边缘平滑，避免出现锯齿或模糊。同时，要确保大米商品图像的完整性和真实性，避免丢失重要细节或造成图像变形。抠取商品图像前后的对比效果如图2-5所示。

图2-5

01 启动Photoshop，按快捷键Ctrl+O打开“学习资源>项目二>制作助农商品数字宣传海报>素材文件>素材05.jpg”文件，如图2-6所示。

02 执行“选择>主体”菜单命令，创建大米的选区，如图2-7所示。可以看到，此时选区的边缘不够精确，还需要进行细化。

图2-6

图2-7

03 执行“选择>选择并遮住”菜单命令或者按快捷键Alt+Ctrl+R，进入“选择并遮住”工作区，如图2-8所示。在右侧的“属性”面板中设置“视图”为“叠加”，以清楚地查看选择范围，如图2-9所示。

图2-8

图2-9

提示

“叠加”视图模式中半透明的红色区域表示没有被选中的区域，被选中的区域正常显示，这种视图模式非常有利于我们观察选区范围。如果叠加的颜色与背景的颜色相似，可以在右侧的“属性”面板中将“颜色”修改为对比较强的颜色，以便清楚地查看选区范围。

04 按快捷键Ctrl++放大画面，然后按快捷键Shift+W选择“快速选择工具”，单击选项栏中的⊕按钮，并设置“大小”为50像素左右。涂抹木碗的边缘和米袋的边缘，将漏选区域添加到选区内，如图2-10和图2-11所示。

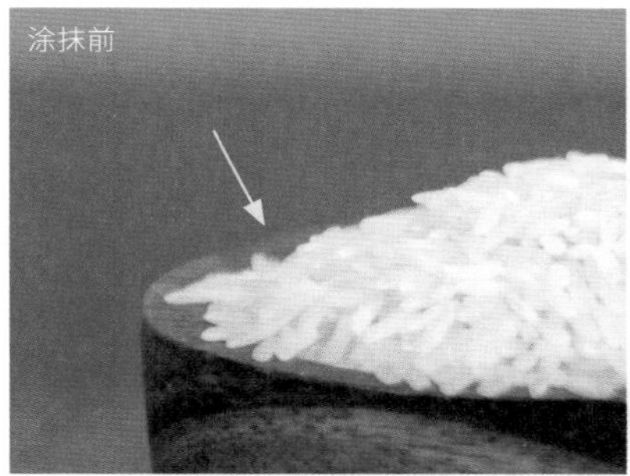

图2-10

提示

当选项栏中的⊕按钮被激活时，按住Alt键可以切换到⊖模式；当选项栏中的⊖按钮被激活时，按住Shift键可以切换到⊕模式。

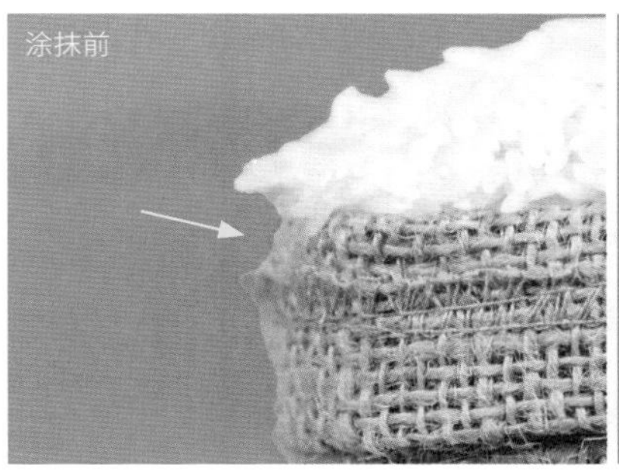

图2-11

05 用同样的方法修改物体的边缘，并将漏选的米粒添加到选区内，调整后的效果如图2-12所示。

06 放大画面，发现稻谷边缘的背景也在选区内，如图2-13所示。按B键选择“画笔工具”，然后设置画笔的“大小”为30像素左右，“硬度”为100%，仔细擦掉背景，如图2-14所示。

图2-13

图2-12

图2-14

07 用同样的方法处理好其他物体的边缘细节，如图2-15所示。仔细检查边缘细节，确认没有问题后勾选“净化颜色”复选框，并设置输出方式为“新建带有图层蒙版的图层”，然后单击“确定”按钮，如图2-16所示。效果如图2-17所示。

图2-15

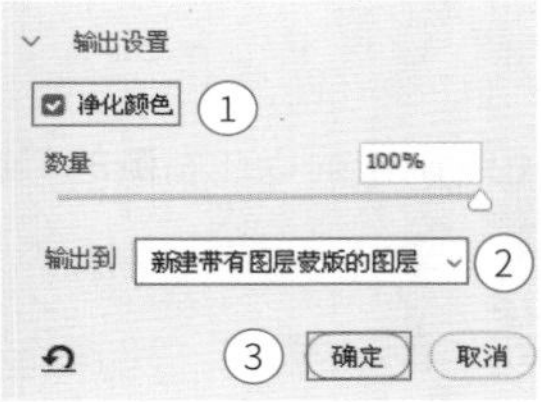

输出设置
净化颜色 ①
数量 100%
输出到 新建带有图层蒙版的图层 ②
③ 确定 取消

图2-16

图2-17

08 执行“文件>导出>导出为”菜单命令，在打开的“导出为”对话框中设置“格式”为PNG，并勾选“透明度”复选框，然后单击“导出”按钮，如图2-18所示，将文件导出为透明背景图像备用，图像的名称为“素材05.png”。

图2-18

提示

为了便于后续修改，可以执行“文件>存储”菜单命令或者按快捷键Ctrl+S将文件保存。双击“背景拷贝”图层的图层蒙版可以再次进入“选择并遮住”工作区进行修改，如图2-19所示。

图2-19

任务2.2 硕果满仓，海报绘意：合成创意大米商品海报

在合成大米商品海报时，需要注重突出商品特点，使用高质量的图片展示大米的色泽和质感等。同时，要合理搭配色彩、设置字体和布局，确保信息清晰可读。海报最终效果如图2-20所示。

图2-20

1.梦幻海报，场景再现：构建引人入胜的海报背景

01 启动Photoshop，执行“文件>新建”菜单命令或者按快捷键Ctrl+N，打开“新建文档”对话框，设置“宽度”为1080像素，“高度”为1920像素，“分辨率”为72像素/英寸，“颜色模式”为“RGB颜色”，“背景内容”为“白色”，接着单击“创建”按钮，如图2-21所示。

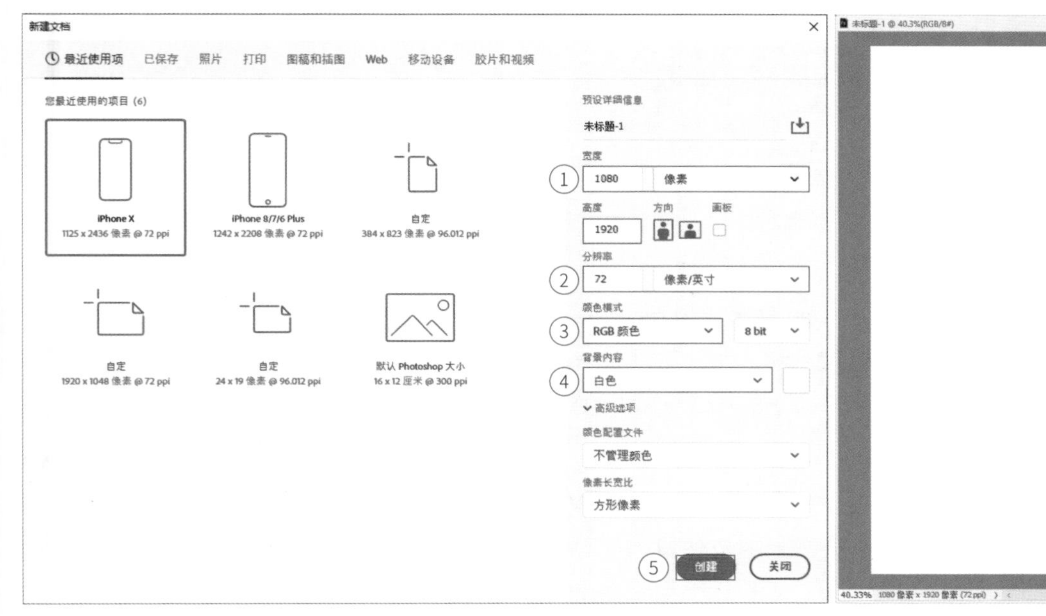

图2-21

02 将“素材01.jpg”文件拖曳至画布中，如图2-22所示，向右上方拖曳其右上角的控制点，等比例缩放图像并将其拖曳到合适的位置，如图2-23和图2-24所示。完成后按Enter键确认操作。

图2-22

图2-23

图2-24

03 将“素材02.jpg”文件拖曳至画布中并等比放大，然后将其拖曳至合适的位置，如图2-25所示。

04 单击“图层”面板下方的“添加图层蒙版”按钮，为“素材02”图层添加一个图层蒙版，如图2-26所示。按G键选择“渐变工具”，设置前景色为黑色，再单击选项栏中的渐变颜色条，选择“Basics”选项组中的从黑色到透明的渐变色，如图2-27所示。

图2-25

图2-26

图2-27

05 在“素材02”图层的图层蒙版中按住鼠标左键并从上到下拖曳鼠标，制作出渐变效果，如图2-28所示。这样图像上方的内容就被隐藏了。

图2-28

知识点：图层蒙版的原理

图层蒙版相当于附在图层上面的一块“板子”，它可以是透明的，也可以是不透明的，使用这块“板子”可以遮挡图像。在图层蒙版中，黑、白、灰用于控制图层内容的显示或隐藏，它附加于图层，本身并不可见。蒙版中的黑色区域会完全遮挡图层中的内容；白色区域会将对应的图层内容完全显示出来；灰色区域可使对应的图层内容呈现出透明效果，灰色越深，遮挡效果越强，如图2-29所示。熟记“黑透、白不透、灰半透”的口诀，可以更好地记住图层蒙版的原理。

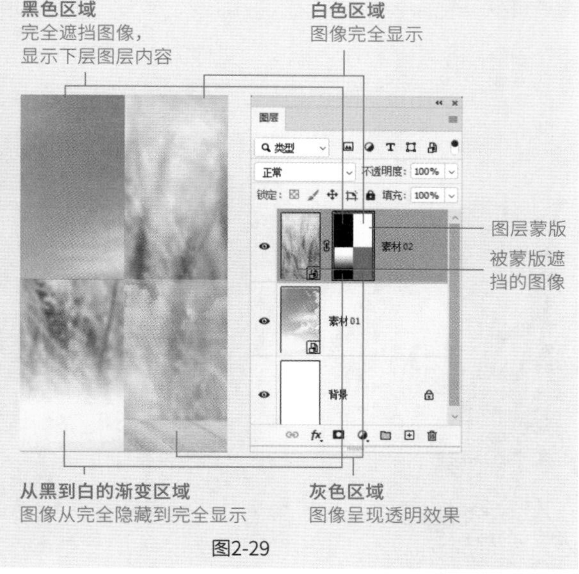

图2-29

06 将“素材03.png”文件拖曳至画布中并等比放大，然后将其拖曳至合适的位置，将对应图层拖曳至“素材02”图层的下方，如图2-30所示。执行“滤镜>模糊>高斯模糊”菜单命令，打开“高斯模糊”对话框，设置“半径”为2.4像素，如图2-31所示。

图2-30

图2-31

07 单击“图层”面板下方的“添加图层蒙版”按钮，为“素材03”图层添加一个图层蒙版，然后设置前景色为黑色。按B键选择“画笔工具”，在选项栏中选择“柔边圆”画笔，设置“大小”为220像素，如图2-32所示。涂抹画面左侧的叶子，将其去除，如图2-33所示。

提示

涂抹之前需要选取蒙版，并且注意边缘的过渡不要太生硬。可以根据涂抹的区域随时修改笔尖大小（按[键和]键可以快速调节），以及“不透明度”和“流量”值。如果涂掉了不想去除的区域，可以设置前景色为白色，再通过涂抹将其恢复。

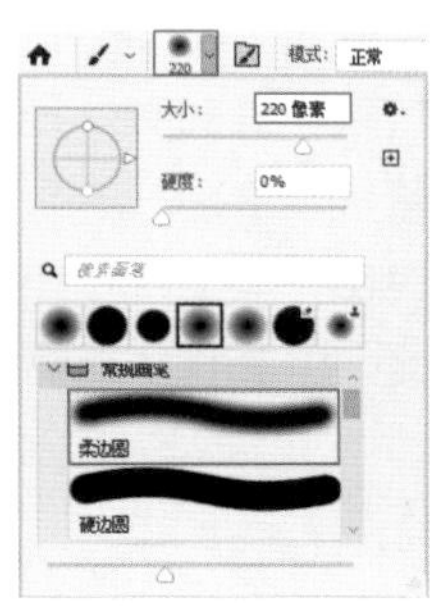

图2-32

图2-33

08 按快捷键Ctrl+J复制“素材03”图层，按快捷键Ctrl+T打开定界框，然后单击鼠标右键并在弹出的菜单中执行“水平翻转”命令，结果如图2-34所示。向右下方拖曳定界框，如图2-35所示。

09 将“素材04.png”文件及抠除背景后的“素材05.png”文件拖曳到画布中，然后将“素材05.png”图像进行水平翻转并摆放到合适的位置，如图2-36所示。

图2-34

图2-35

图2-36

2.光影交错，产品亮眼：为商品打造独特的光影效果

扫码看教学视频

01 在“素材02”图层上方创建“曲线”调整图层，然后在“属性”面板中单击按钮，使这个图层只对“素材02”图层产生影响（即将“曲线”调整图层创建为“素材02”图层的剪贴蒙版），向下拖曳曲线，压暗画面，如图2-37所示。按M键选择“矩形选框工具”，创建选区并在“曲线”调整图层的图层蒙版中填充黑色，将远处稻田的亮度还原，使“曲线”调整图层只将前方的木台调暗，如图2-38所示。按快捷键Ctrl+D取消选区。

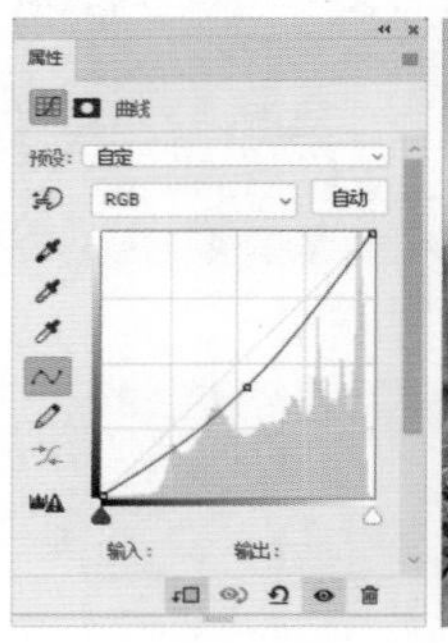

图2-37

图2-38

提示

按住Alt键，将鼠标指针置于“素材02”图层和“曲线1”图层之间的分隔线上，鼠标指针变成形状时单击，可以快速创建剪贴蒙版，如图2-39所示。

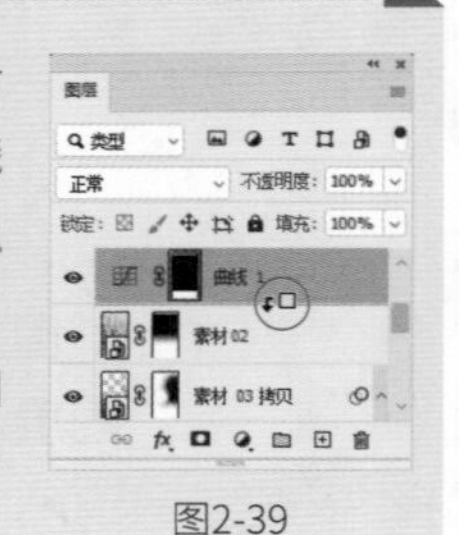

图2-39

02 创建“曲线”调整图层并将其设置为“素材02”图层的剪贴蒙版，然后向下拖曳曲线，压暗画面，如图2-40所示。选择“曲线2”调整图层的图层蒙版，使用“渐变工具”在画面中从下到上拖曳出从黑色到透明的渐变，如图2-41所示。将远处稻田的亮度还原，如图2-42所示。

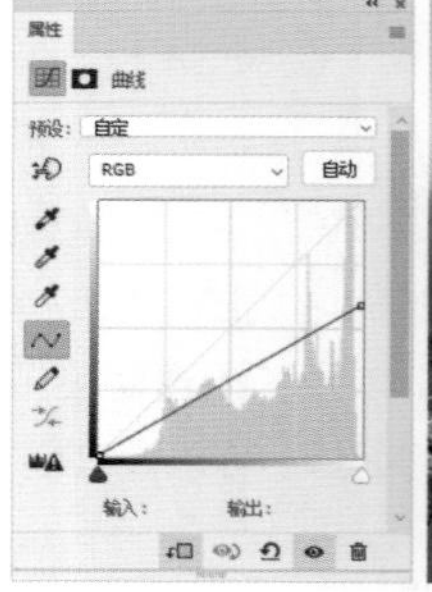

图2-40

图2-41

图2-42

03 在“素材04”图层上方创建“曲线”调整图层并将其设置为“素材04”图层的剪贴蒙版，然后压暗米袋的暗部，如图2-43所示。接着创建“曲线”调整图层并将其设置为“素材04”图层的剪贴蒙版，压暗画面，如图2-44所示。

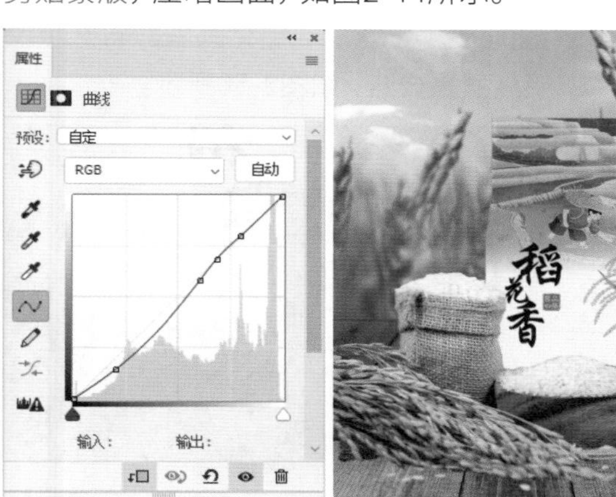

图2-43

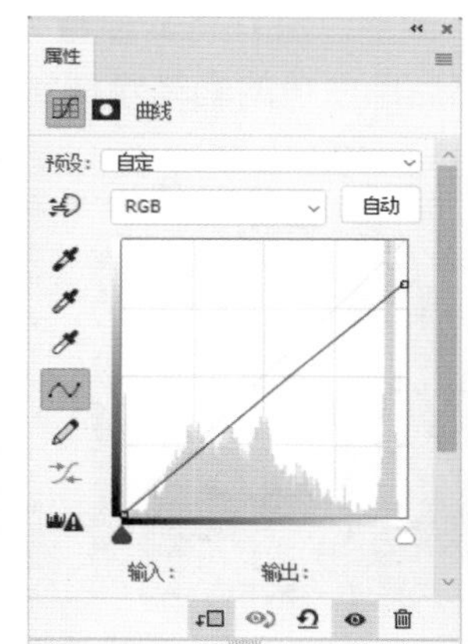

图2-44

04 将“曲线4”调整图层的图层蒙版填充为黑色，如图2-45所示，然后用白色的画笔涂抹米袋的下方，使其变暗，如图2-46所示。

图2-45

图2-46

05 在“素材05”图层上方创建“曲线”调整图层并将其设置为“素材05”图层的剪贴蒙版，然后将画面整体压暗，如图2-47所示。再次创建“曲线”调整图层并将其设置为“素材05”图层的剪贴蒙版，压暗画面并将图层蒙版填充为黑色，然后用白色的画笔涂抹其中的阴影部分，使其变暗，如图2-48所示。

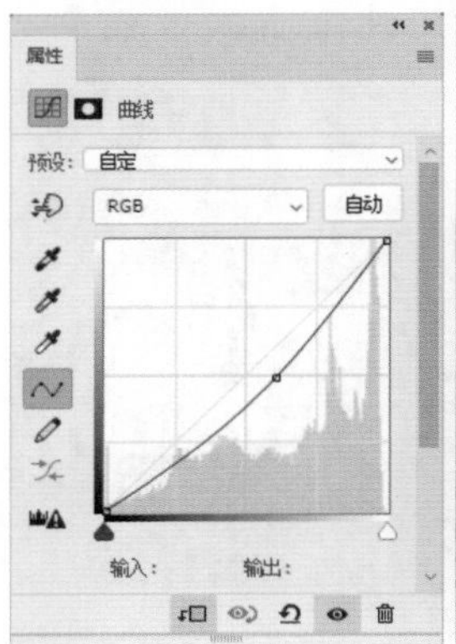

图2-47

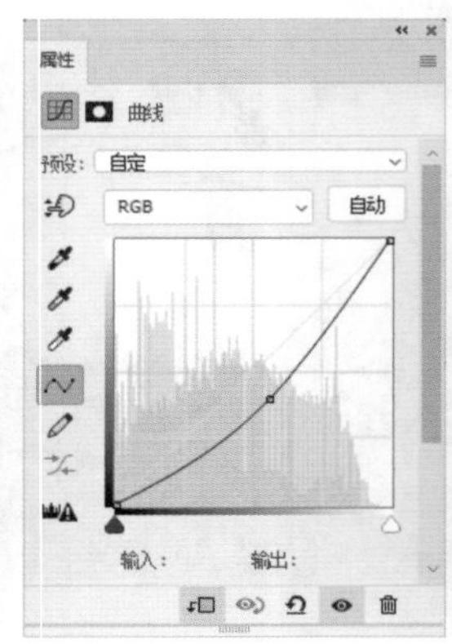

图2-48

06 创建一个“色彩平衡”调整图层，将其设置为“素材05”图层的剪贴蒙版，调整画面的色调，使其偏黄一些，接着将图层蒙版填充为黑色，用白色的画笔涂抹前方的稻谷，如图2-49所示。

07 创建一个“曲线”调整图层并将其设置为“素材05”图层的剪贴蒙版，提亮画面并将图层蒙版填充为黑色，然后用白色的画笔涂抹前方的米粒，使其变亮一些，如图2-50所示。

图2-49

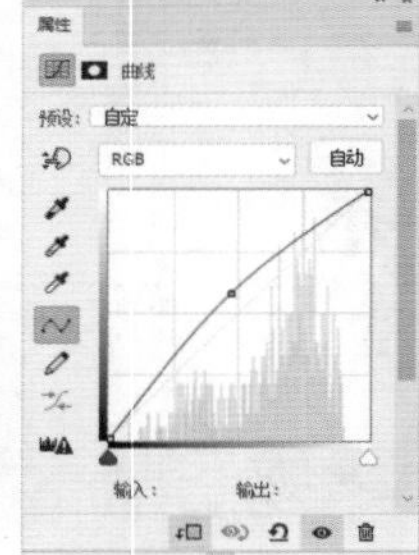

图2-50

08 单击“图层”面板底部的“创建新图层”按钮，在“素材04”图层下方新建一个空白图层。使用黑色的“柔边圆”画笔在物品的底部画出阴影，将这个图层的“不透明度”调整为80%，效果如图2-51所示。

09 为“素材05”图层添加一个图层蒙版，擦除大米的灰边，如图2-52所示。添加光影后的整体效果如图2-53所示。

图2-51

图2-52

图2-53

3.特色文字，元素增辉：添加富有产品特色的文字与装饰

01 按T键选择“横排文字工具”T，在画布中单击并输入“东北稻花香大米”，接着在“字符”面板中设置字体为“思源黑体CN”，字体样式为“Heavy”，字体大小为124点，字间距为20，“颜色”为任意色（之后还要为文字添加渐变色），如图2-54所示。效果如图2-55所示。

图2-54 图2-55

02 执行“图层>图层样式>混合选项”菜单命令，打开“图层样式”对话框，选择“斜面和浮雕”选项，参数设置如图2-56所示。再选择“渐变叠加”选项，单击渐变颜色条，打开“渐变编辑器”对话框，在其中编辑渐变颜色，如图2-57所示。按Enter键确认操作，效果如图2-58所示。

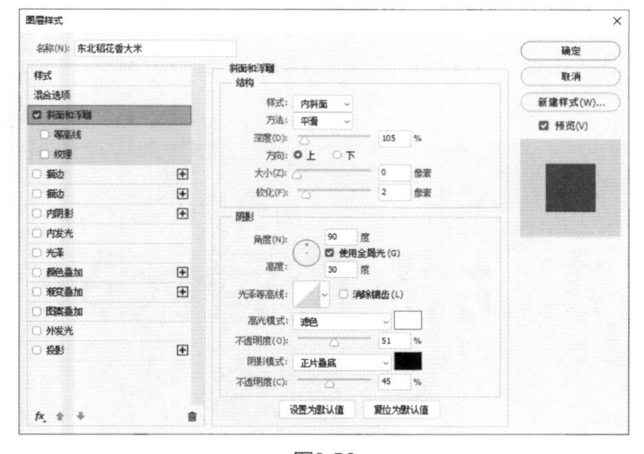

图2-56

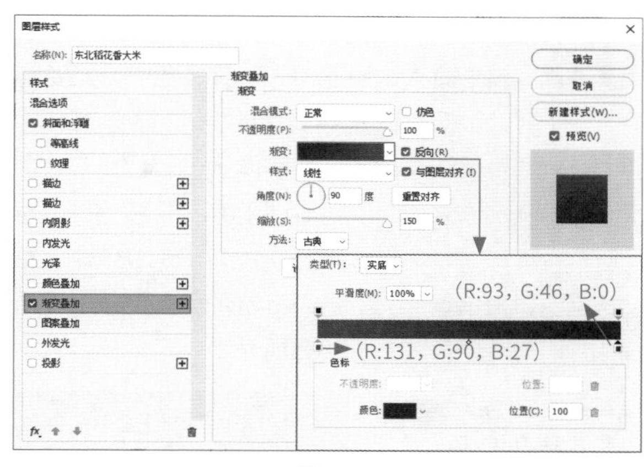

图2-57

东北稻花香大米

图2-58

知识点：渐变的编辑与绘制

单击渐变颜色条，在打开的“渐变编辑器”对话框中可以选择预设的渐变，也可以根据需求自定义预设，如图2-59所示。

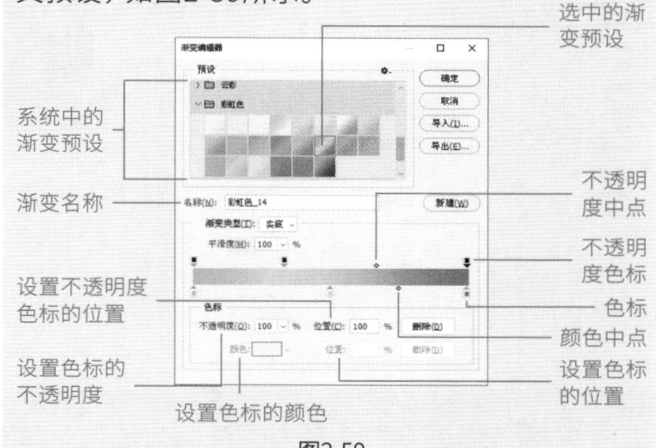

图2-59

双击色标或者单击颜色色块，如图2-60所示。在打开的“拾色器”对话框中可以修改渐变颜色，如图2-61所示。

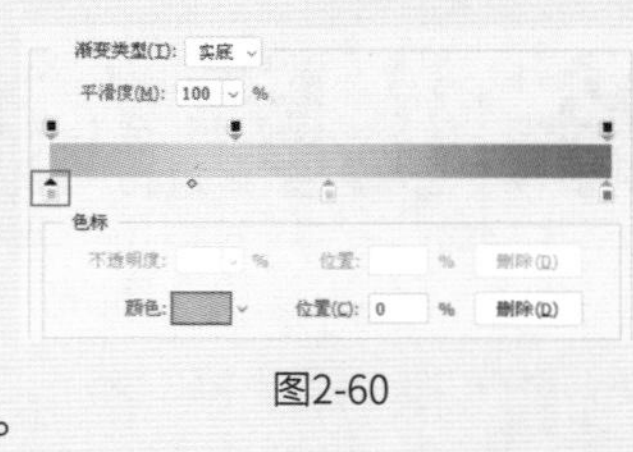

图2-60

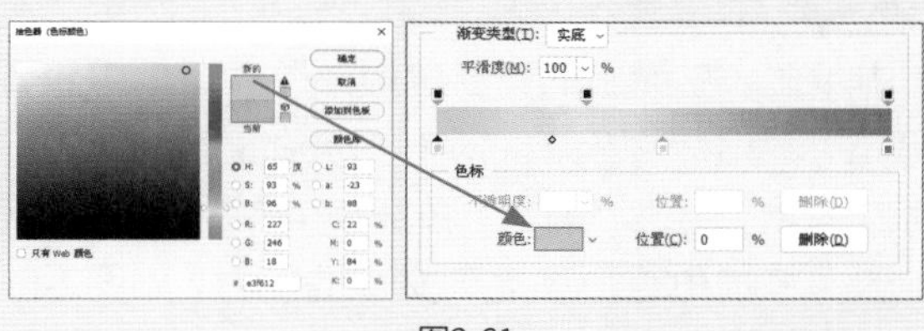

图2-61

03 选择“横排文字工具” T，在画布中单击并输入“香糯可口 口感细腻”，接着在“字符”面板中设置字体为“思源黑体 CN”，字体样式为“Regular”，字体大小为70点，字间距为0，“颜色”为(R:194，G:88，B:0)，如图2-62所示。效果如图2-63所示。

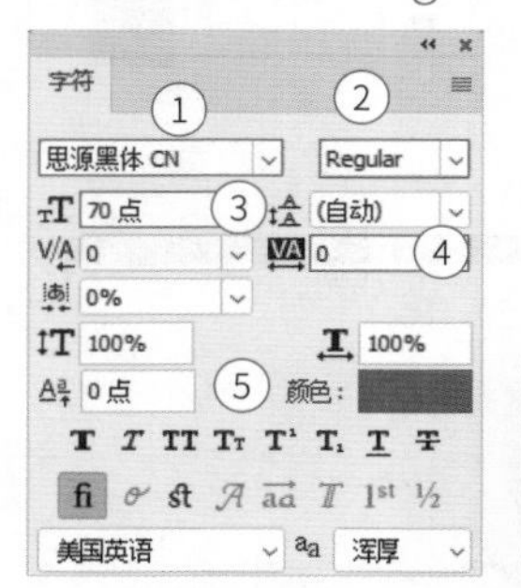
图2-62

图2-63

04 执行“图层>图层样式>混合选项”菜单命令，打开“图层样式”对话框，选择“斜面和浮雕”选项，参数设置如图2-64所示。按Enter键确认操作，效果如图2-65所示。

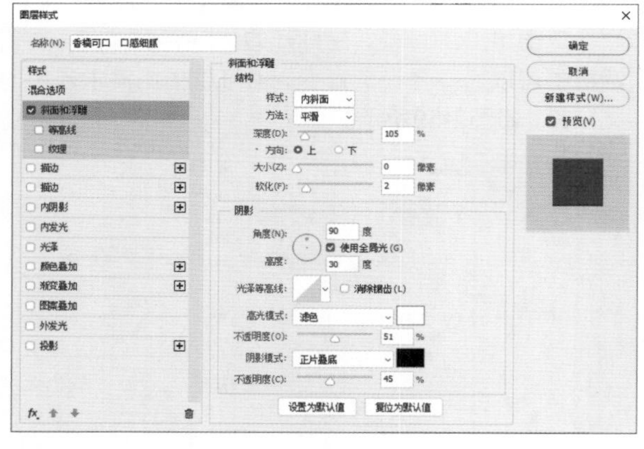
图2-64

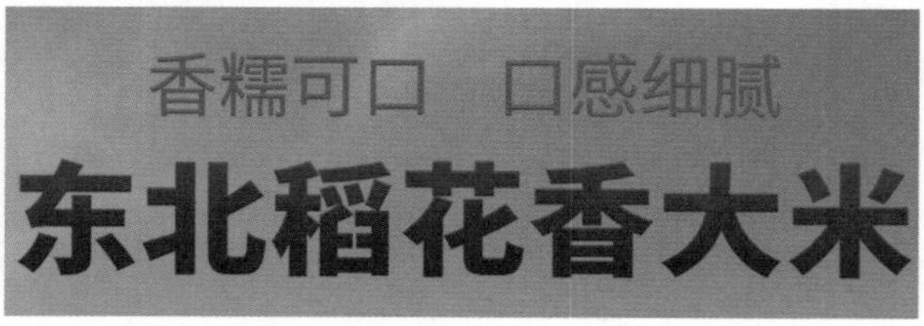

图2-65

05 按U键选择“矩形工具”并在选项栏中设置绘图模式为“形状”，然后在画布中单击，在弹出的“创建矩形”对话框中设置“宽度”为342像素，“高度”为90像素，“半径”为28像素，单击“确定”按钮，如图2-66所示。将圆角矩形移动到文字的下方，如图2-67所示。

图2-66

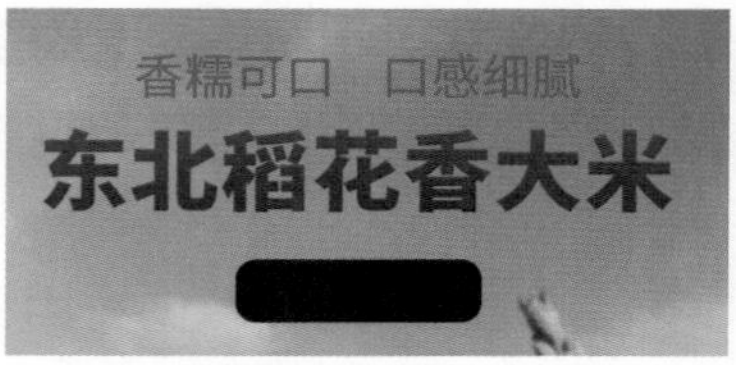

图2-67

06 按住Alt键，在“图层”面板中将“东北稻花香大米”图层下方的“渐变叠加”效果拖曳到“矩形1”图层上，为圆角矩形添加渐变效果，如图2-68所示。效果如图2-69所示。

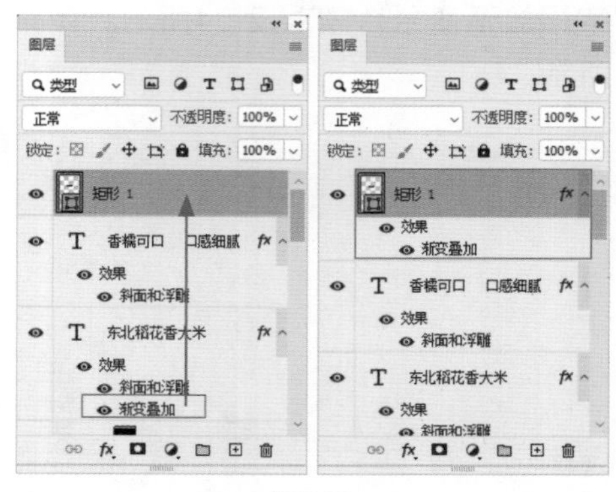
图2-68

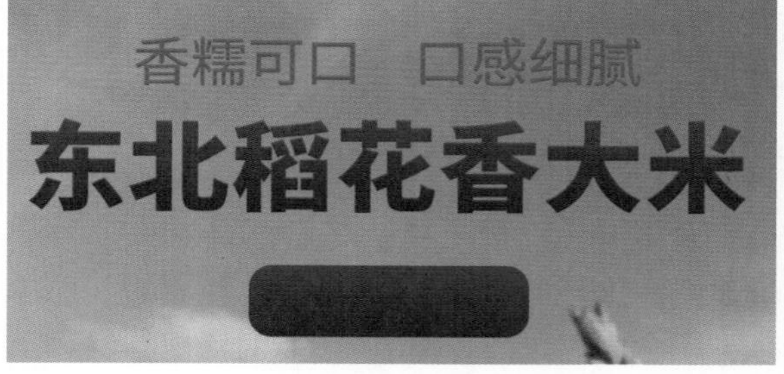

图2-69

07 选择“横排文字工具” T，在画布中单击并输入“查看详情 >”，接着在“字符”面板中设置字体为“思源黑体 CN”，字体样式为“Regular”，字体大小为50点，字间距为0，“颜色”为白色，将文字置于圆角矩形上，效果如图2-70所示。

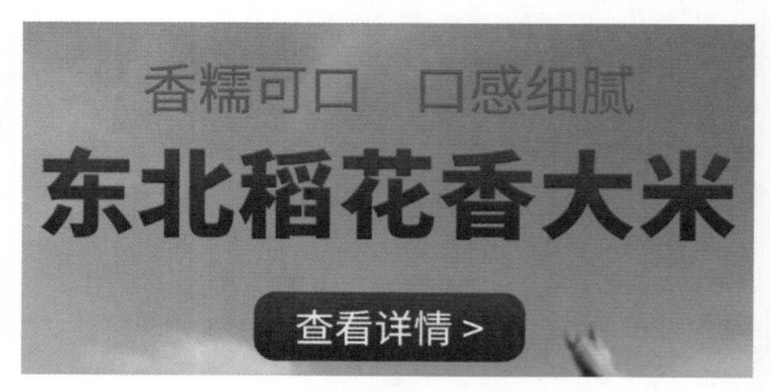

图2-70

08 在所有图层上方添加一个“亮度/对比度”调整图层，并设置“亮度”为20，如图2-71所示。执行“文件>导出>导出为”菜单命令，在打开的“导出为”对话框中设置“格式”为JPG，“品质”为7，将文件导出，最终效果如图2-72所示。

图2-71

图2-72

项目总结与评价

项目总结

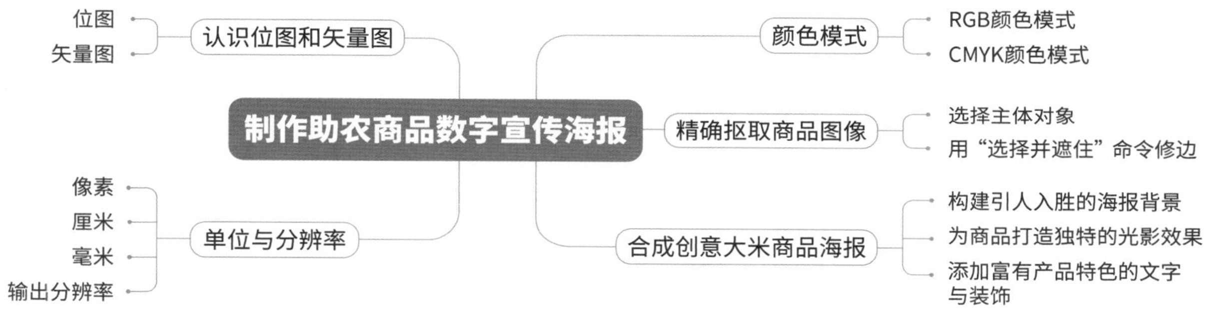

项目评价

评价内容	评价标准	分值	学生自评	小组评定
设计常识	能够叙述位图和矢量图的区别	2		
	能够总结颜色模式的类型	2		
	掌握单位与分辨率的概念	2		
精确抠取商品图像	能够使用“主体”命令创建大米选区	2		
	能够使用“选择并遮住”命令进行抠图	2		
	能够使用“快速选择工具”创建选区，并在原选区的基础上添加或减去选区	4		
	能够使用“选择并遮住”工作区中的“画笔工具”擦除背景	4		
	能够设置“选择并遮住”工作区输出图像的方式	4		
	能够使用“导出为”命令导出PNG格式的图像	4		
合成创意大米商品海报	能够使用“新建”命令新建文档	4		
	能够将素材文件拖曳至画布中，能够等比例缩放图像并拖曳到合适的位置	4		
	能够为图层添加图层蒙版	2		
	能够设置渐变色，并使用“渐变工具”在图层蒙版中绘制渐变色	6		

续表

评价内容	评价标准	分值	学生自评	小组评定
合成创意大米商品海报	能够使用“高斯模糊”命令模糊远景	4		
	能够设置“画笔工具”的相关参数，并使用“画笔工具”涂抹蒙版以控制图像的显示和隐藏	4		
	能够创建“曲线”调整图层，并将“曲线”调整图层创建为素材图层的剪贴蒙版	4		
	能够使用“渐变工具”绘制从黑色到透明的渐变	4		
	能够使用“曲线”调整图层压暗画面，以及画面中的亮部或暗部	4		
	能够使用“曲线”调整图层和图层蒙版调整部分区域的明暗	4		
	☒能够使用“色彩平衡”调整图层的图层蒙版调整部分区域的色调	4		
	能够使用黑色的“柔边圆”画笔在物品的底部画出阴影	4		
	能够通过添加图层蒙版擦除大米的灰边	4		
	能够使用“横排文字工具”输入文字，并设置文字的字体和字号等参数	4		
	能够为文字添加“斜面和浮雕”和“渐变叠加”图层样式，并设置相关参数	4		
	能够使用“矩形工具”创建圆角矩形	4		
	能够复制“渐变叠加”效果到其他图层	4		
	能够创建“亮度/对比度”调整图层	4		
文件归档	能够导出JPEG格式的图像，并对制作的文件进行整理、输出	2		
综合得分		100		

拓展训练：制作家电Banner

资源文件：学习资源>项目二>拓展训练：制作家电Banner

某洗衣机品牌计划制作新款产品Banner，目前已提供产品图片，现安排设计部在8小时内完成该洗衣机Banner的设计制作，用于后续产品的网络推广和宣传，制作效果如图2-73所示。

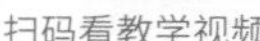

扫码看教学视频

图2-73

设计要求

- 设计尺寸：1920像素×900像素。
- 分辨率：72像素/英寸。
- 颜色模式：RGB。
- 源文件格式：PSD。
- 预览图格式：JPEG。

步骤提示

① 启动Photoshop，新建文档。

② 制作背景并搭建场景。

③ 将产品摆放到合适位置，然后制作出产品的阴影。

④ 添加相应的文字并进行排版设计。

⑤ 保存文件，并导出JPEG格式的图像。

项目三

电子屏上，新品闪耀

设计户外电子广告屏手表海报

项目介绍

情境描述

我们接到了某知名科技公司的工作任务，要求为其新款电子手表制作产品海报，以便在户外电子广告屏上进行宣传。

首先制订制作背景、抠取图像、文字排版等制作计划。然后通过选择主体、选择并遮住等技术手段完成户外电子广告屏手表海报的设计。最后完成源文件的命名与文件的归档工作，确保所有文件都能有序、高效地管理和检索。

任务要求

根据任务的情境描述，要求在12小时内完成手表海报的设计制作。

① 在户外电子广告屏手表海报的制作过程中，准确进行商品抠图、背景制作和文字添加，确保参数设置准确无误。

② 海报源文件颜色模式为RGB，分辨率为72像素/英寸，尺寸为699毫米×383毫米（横版）。

③ 按照工作时间节点对制作的文件进行整理、输出，并确保提交的文件符合客户的各项要求。

- 一份PSD格式的海报制作源文件。
- 一份JPEG格式的海报制作展示文件。
- 一份PSD格式的样机效果图制作源文件。
- 一份JPEG格式的样机效果图制作展示文件。

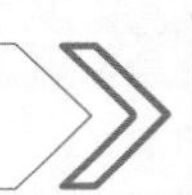

学习技能目标

- 能够新建文档，并设置相关的参数。
- 能够将素材拖曳至画布中。
- 能够通过拖曳控制点等比例缩放图像。
- 能够设置图层的“不透明度”。
- 能够创建空白图层。
- 能够设置“画笔工具”的相关参数。
- 能够使用“画笔工具”进行绘制。
- 能够对图层进行编组。
- 能够锁定图层。
- 能够使用“主体”命令创建手表的选区。
- 能够使用“快速选择工具”涂抹多余背景。
- 能够使用“画笔工具”涂抹杂边。
- 能够设置“选择并遮住”工作区输出图像的方式。
- 能够使用“转换为智能对象”命令将普通图层转换为智能对象图层。
- 能够使用“自由变换”命令等比例缩放图像，以及调整图像的位置。
- 能够使用“椭圆选框工具”创建椭圆选区。
- 能够使用“自由变换”命令对图像进行水平翻转、旋转和透视操作。
- 能够使用“横排文字工具”输入文字，并设置文字的字体和字号等参数。
- 能够为文字添加“斜面和浮雕”和“投影”图层样式，并设置相关参数。
- 能够使用“矩形工具”“椭圆工具”“直线工具”绘制装饰元素。
- 能够将对象从一个文档中拖曳到另一个文档中。

- 能够使用“高反差保留”命令增强画面的质感。
- 能够通过智能对象的替换，使用样机制作成品展示效果。
- 能够使用“导出为”命令导出JPEG格式的图像。

项目知识链接

户外电子屏广告也称户外LED（Light Emitting Diode，发光二极管）显示屏广告，是一种在户外环境中，通过大型LED显示屏播放广告内容的宣传方式。这种广告形式在现代城市景观中非常普遍，尤其在繁华的商业区、交通要道、步行街等人流密集的地方。

设计要点

扫码看教学视频

在设计户外电子屏广告时，需要考虑如何设计出能有效吸引行人注意力并传达品牌或产品信息的广告，下面总结了7个要点。

引人注目：户外电子屏广告的首要目标是吸引行人的注意力。因此，可以使用大胆的颜色以形成强烈的视觉对比和冲击效果。富有创意的图像、动画或文字能够迅速吸引行人观看，并引导他们停下来仔细阅读，如图3-1所示。

简洁明了：户外电子屏广告应该简洁明了，避免采用过于复杂的设计或承载过多的信息。文字应该简短、直接，图像应该清晰、易于理解，使行人在短暂的时间内就能够理解广告的主题和想要传达的信息，如图3-2所示。

突出品牌或产品：广告的目的是推广品牌或产品，因此应该突出品牌或产品的特点。使用品牌标识、口号或产品图片等来提高品牌认知度。确保广告内容与品牌或产品相关，并突出其独特性和优势，如图3-3所示。

图3-1

图3-2

图3-3

创意设计：创意设计是户外电子屏广告吸引人的关键，可以使用独特的图像、动画或交互元素来吸引行人的注意力。创意设计可以突出品牌或产品的个性，并使其在众多广告中脱颖而出，如图3-4所示。

可读性：对于包含大量文字的户外电子屏广告，设计时应该考虑文字的可读性。使用易于阅读的字体、字号和颜色，确保行人在短时间内能够轻松阅读和理解广告内容，如图3-5所示。

图3-4

图3-5

适应环境：户外电子屏广告应该适应其所在的环境。设计电子屏广告时应考虑周围建筑物、道路、天气等因素，确保广告在不同条件下都清晰可见。如果广告位于繁忙的交通要道，其设计应该足够醒目。

测试和调整：在设计过程中，进行实地测试和调整是非常重要的。通过在不同环境和条件下进行测试，可以了解广告的可见性、可读性和吸引力，并根据测试结果进行相应的调整和改进。

设计风格

户外电子屏广告的设计风格应该与广告内容、品牌或产品的特点相匹配，并考虑到目标受众的审美和接受度。此外，广告的设计风格也应该与户外环境相协调，确保广告在户外环境中具有良好的视觉效果和吸引力。常见的设计风格有以下5种。

现代简约风格：使用简单的线条、几何形状和单一的色彩，营造出简约、现代的视觉效果。这种风格注重简洁、清晰和高度可读性，适用于品牌推广、活动宣传或产品推广等，如图3-6所示。

扫码看教学视频

图3-6

创意艺术风格：使用非传统的图形、图像或动画等来吸引观众的注意力。这种风格通过创意和独特性突出品牌或产品的个性，并为其赋予独特的视觉形象，如图3-7所示。

时尚潮流风格：使用流行的色彩、图案和元素等来打造年轻、时尚的广告形象。这种风格紧跟时尚潮流，适用于面向年轻受众群体的品牌或产品广告，如图3-8所示。

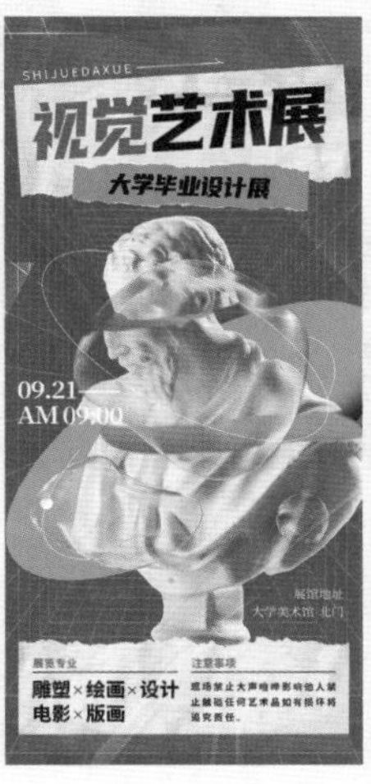

图3-7

图3-8

自然生态风格：使用大自然的元素、色彩和纹理等，营造出清新、自然的视觉效果，这种风格适用于环保品牌、绿色产品或健康产品的广告，如图3-9所示。

传统文化风格：使用传统色彩、图案和字体等来表现品牌的历史和文化底蕴。这种风格强调传统文化的元素和符号，适用于强调品牌传统、文化或地域特色的广告，如图3-10所示。

图3-9

图3-10

任务实施

资源文件：学习资源>项目三>设计户外电子广告屏手表海报

在设计手表海报时，需要清晰地展示产品，突出其独特功能和特点，同时展现品牌标识和调性。选择吸引人且与品牌风格相符的背景，使用简洁有力的文案，针对目标受众的喜好进行设计，以提高海报的吸引力。

任务3.1 新品上市，炫彩夺目：打造智能手表海报

海报中的产品为黑色的智能手表，背景的选择应考虑到产品的特点、目标受众及整体的视觉效果。该海报想要营造一种高端的氛围，因此可以选择深灰色或黑色等深色调作为背景，标题文案应直观、简洁，以展现产品的特性，如图3-11所示。

图3-11

1.清新底色，映衬新品：制作吸引人的海报背景

扫码看教学视频

01 启动Photoshop，执行“文件>新建”菜单命令或者按快捷键Ctrl+N，打开“新建文档”对话框。设置“宽度”为699毫米，“高度”为383毫米，“分辨率”为72像素/英寸，“颜色模式”为“RGB颜色”，“背景内容”为“黑色”，接着单击“创建”按钮，效果如图3-12所示。

02 打开“学习资源>项目三>设计户外电子广告屏手表海报>素材文件>素材01.jpg”文件，然后将其拖曳至画布中，如图3-13所示。

图3-12

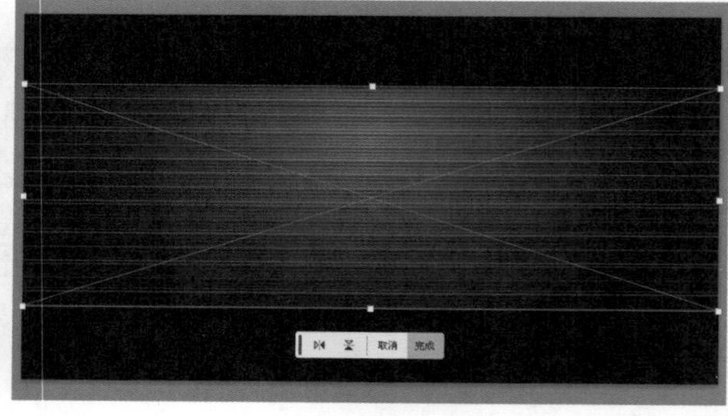

图3-13

知识点：智能对象

步骤02中的“素材01.jpg”文件是以智能对象的方式置入画布的。智能对象是Photoshop中非常重要的功能，无论是平面设计、UI（User Interface，用户界面）设计，还是电商设计，都离不开智能对象。智能对象之所以“智能”，是因为它具有非常多的优点，如可以进行非破坏性变换、方便管理杂乱的图层、能够记忆变换参数、同步链接文件、自动更新副本、保留滤镜及部分调色参数，以及保留矢量属性等。如果图层缩览图的左下角带有图标，则表示该图层是一个智能对象图层，如图3-14所示。

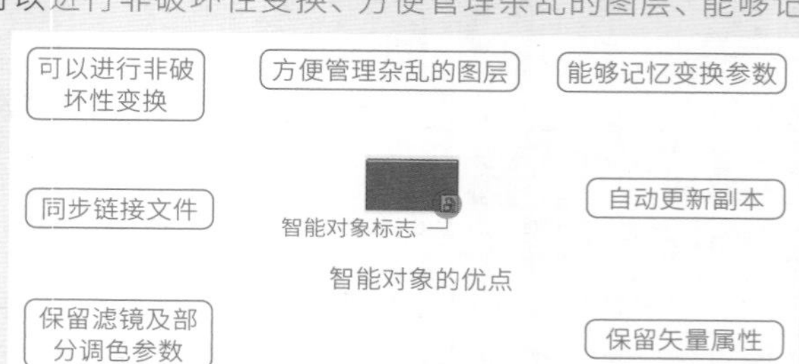

图3-14

03 按住Alt键并向右下方拖曳右下角的控制点，使图像等比例缩放并填充整个画布，如图3-15和图3-16所示。完成后按Enter键确认操作。

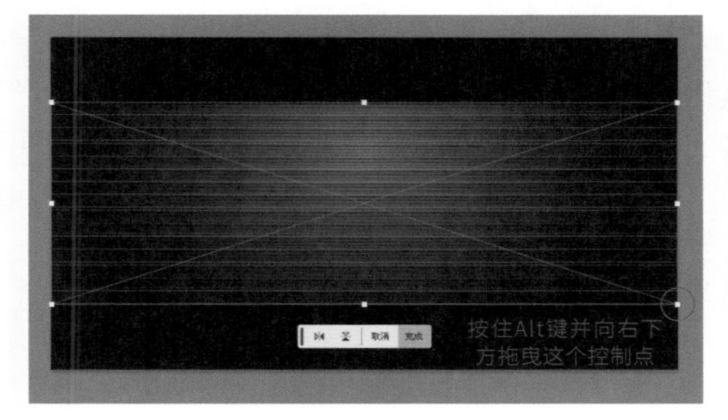

图3-15

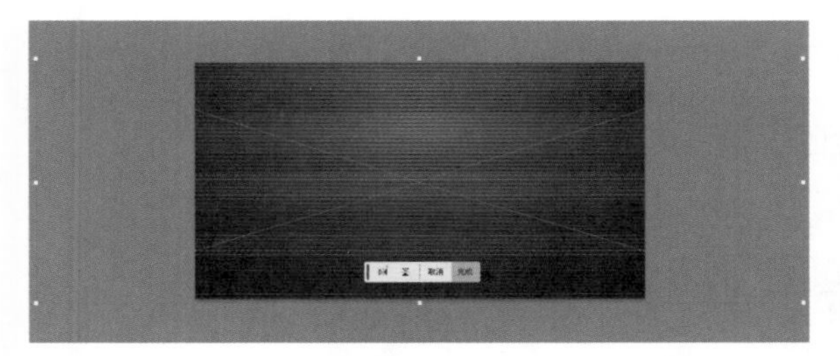

图3-16

04 在“图层”面板中设置“素材01”图层的“不透明度”为25%，如图3-17所示。

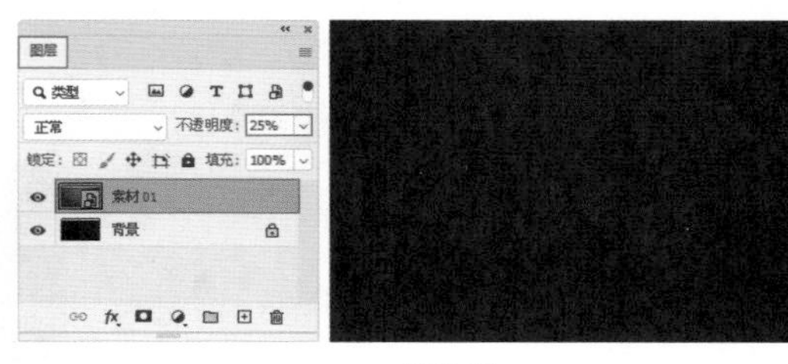

图3-17

05 创建一个空白图层，设置前景色为白色。按B键选择“画笔工具”，在选项栏中选择“柔边圆”画笔，同时设置“大小”为400像素，如图3-18所示。在画布的四周进行绘制，如图3-19所示。

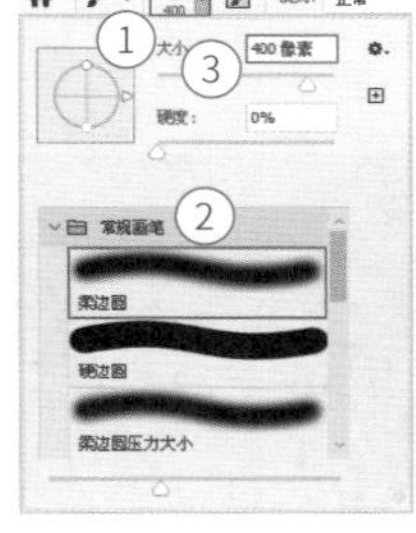

图3-18

图3-19

06 设置“图层1”的“不透明度”为70%，如图3-20所示。单击“背景”图层右侧的图标，将其解锁。同时选中这3个图层进行编组，并将图层组命名为“背景”。单击“锁定所有属性”按钮将图层组锁定，如图3-21所示。背景制作完成，效果如图3-22所示。

图3-20

图3-21

图3-22

2.商品夺目，图像清晰：精确抠取手表图像

01 按快捷键Ctrl+O打开“素材02.jpg”文件，如图3-23所示，然后执行“选择>主体”菜单命令，创建手表的选区，如图3-24所示。

扫码看教学视频

图3-23

图3-24

02 执行“选择>选择并遮住”菜单命令或者按快捷键Alt+Ctrl+R，进入“选择并遮住”工作区，如图3-25所示。在右侧的“属性”面板中设置“视图”为“叠加”，如图3-26所示。

图3-25

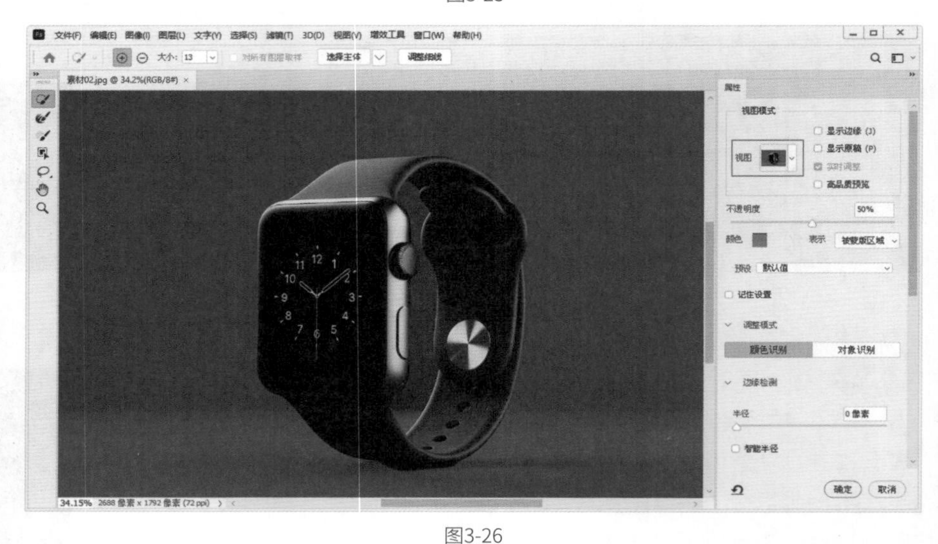

图3-26

03 按快捷键Ctrl++放大画面，然后按快捷键Shift+W选择“快速选择工具”，单击选项栏中的按钮，并设置“大小”为10像素左右。在画面中涂抹多余的背景，将其从选区中减去，如图3-27所示。

图3-27

04 放大画面，发现手表边缘的部分区域被去掉了，因此需要将其恢复。单击选项栏中的⊕按钮，涂抹遗漏的区域，将漏选区域添加到选区内，如图3-28所示。

图3-28

05 手表的边缘还有杂边，如图3-29所示。按B键选择“画笔工具”并放大画面，然后设置画笔的“大小”为10像素左右，“硬度”为100%，仔细涂抹杂边，如图3-30所示。

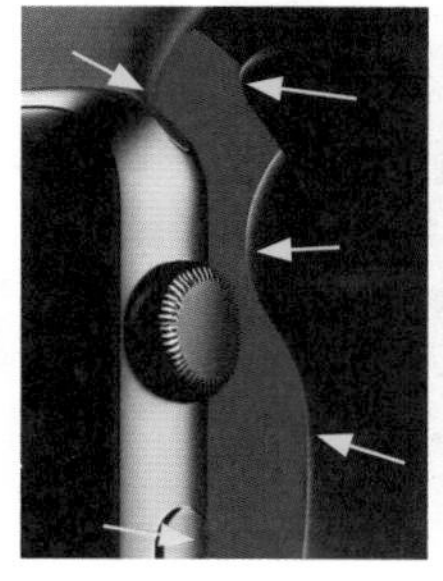

图3-29

图3-30

06 用同样的方法处理好手表的其他边缘细节（注意处理表带上的孔洞），效果如图3-31所示。仔细检查边缘细节，确认没有问题后勾选“净化颜色”复选框，并设置输出方式为“新建带有图层蒙版的图层”，如图3-32所示。单击“确定”按钮，效果如图3-33所示。

图3-31

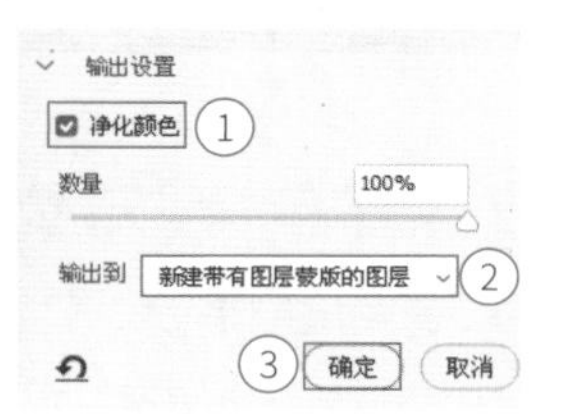

图3-32

图3-33

提示

在完成抠图后，可以在相应图层的下方新建一个其他颜色（如蓝色）的观察层，以便查看图像边缘的抠取效果，如图3-34所示。如果需要再次处理，可以双击“背景 拷贝”图层的图层蒙版再次进入“选择并遮住”工作区，如图3-35所示。

图3-34

图3-35

07 在“背景 拷贝”图层上单击鼠标右键，在弹出的菜单中执行“转换为智能对象”命令，将该图层转换为智能对象并修改图层名称为“手表”，如图3-36所示。将“手表”图层拖曳至制作海报的文档中，如图3-37所示。

图3-36

图3-37

08 执行“编辑>自由变换”菜单命令或者按快捷键Ctrl+T打开定界框，如图3-38所示。单击鼠标右键，在弹出的菜单中执行“水平翻转”命令并将手表图像等比缩小到合适的大小，然后将其置于画布的左侧，如图3-39所示。将手表图像逆时针旋转一定角度，如图3-40所示。按Enter键确认操作。

图3-38

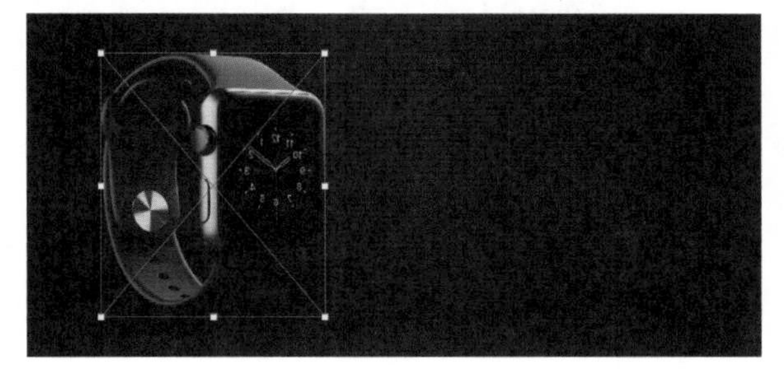

图3-39

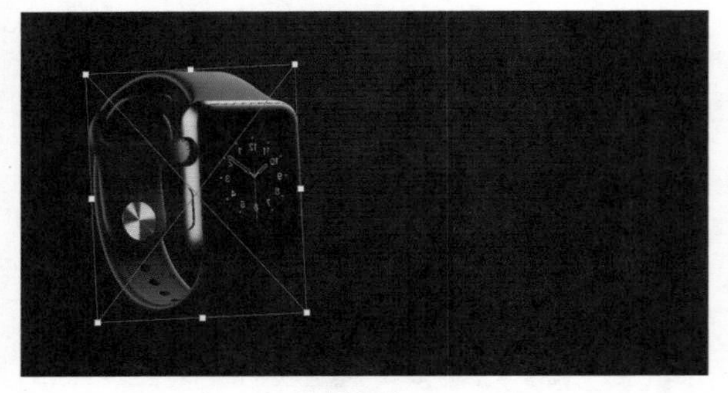

图3-40

09 翻转图像后，表盘的数字也变成反向的了，因此需要将表盘的数字再次进行翻转。按快捷键Shift+M选择“椭圆选框工具”，创建一个椭圆选区，如图3-41所示。按快捷键Ctrl+J复制选区中的图像，生成新的图层，修改图层名称为“表盘”，如图3-42所示。

图3-41

图3-42

10 按快捷键Ctrl+T打开定界框，然后单击鼠标右键，在弹出的菜单中执行“水平翻转”命令，效果如图3-43所示。再次单击鼠标右键，在弹出的菜单中执行“旋转”命令，将表盘逆时针旋转，使表盘摆正，如图3-44所示。再次单击鼠标右键，在弹出的菜单中执行“透视”命令，拖曳右上角的控制点到合适的位置，如图3-45所示。

图3-43

图3-44

图3-45

11 按Enter键确认操作，发现表盘还是有些倾斜，再次逆时针旋转表盘进行微调，如图3-46所示。在“手表”图层下方新建一个图层并修改图层名称为“阴影”，然后用黑色的“柔边圆”画笔进行绘制并设置图层的“不透明度”为72%，如图3-47所示。对制作手表的3个图层进行编组，并修改图层组名称为“手表”，然后按快捷键Ctrl+T打开定界框，将“手表”图层组整体缩小一些，确认操作后的效果如图3-48所示。

图3-46

图3-47

图3-48

3.文字传情，元素点缀：设计富有情感的文字与装饰

01 按T键选择“横排文字工具”，然后在画布中单击并输入“智能从此开始”，接着在“字符”面板中设置字体为“方正品尚粗黑简体”，字体大小为160点，字间距为－40，“颜色”为（R:252，G:252，B:252），如图3-49所示。

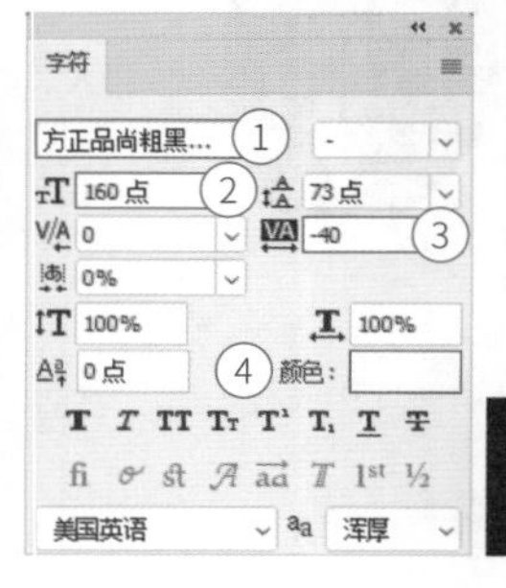

智能从此开始

图3-49

02 按快捷键Ctrl+T打开定界框，然后单击鼠标右键，在弹出的菜单中执行“斜切”命令，向右拖曳定界框的上边框使其向右倾斜，如图3-50所示。按Enter键确认操作，并将标题拖曳至图3-51所示的位置。

图3-50

图3-51

03 执行“图层>图层样式>混合选项”菜单命令，打开“图层样式”对话框，选择“斜面和浮雕”选项，参数设置如图3-52所示。选择“投影”选项，设置投影的颜色为（R:72，G:65，B:65），其余参数设置如图3-53所示。按Enter键确认操作，效果如图3-54所示。

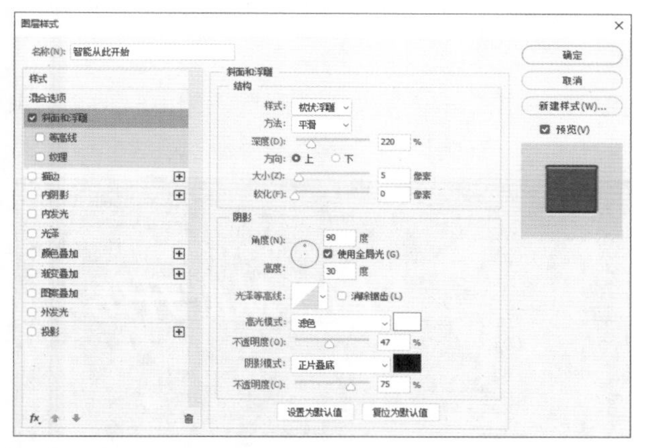

图3-52

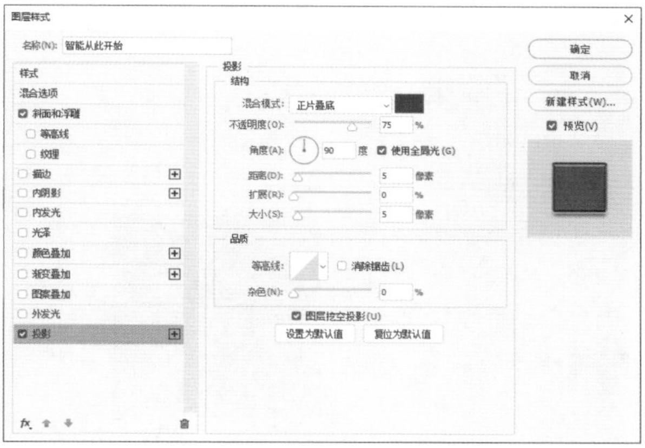

图3-53

图3-54

提示

双击需要添加效果的图层或图层组，可以打开“图层样式”对话框。

04 使用“横排文字工具”T.在画面中输入相应的文字信息，如图3-55所示，然后使用“矩形工具”□、“椭圆工具”○和“直线工具”／绘制一些装饰元素，使整体更有设计感，如图3-56所示。

图3-55

图3-56

提示

在使用形状类工具之前，需要在选项栏中设置绘图模式为“形状”，如图3-57所示。

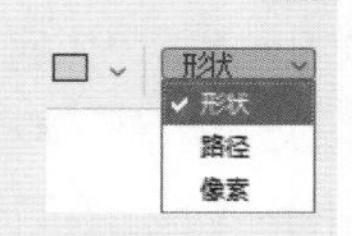

图3-57

05 打开“素材03.psd”文件，将图标拖曳到制作海报的文档中，并在图标下方添加相应的文字信息，如图3-58所示。将二维码摆放到合适的位置，如图3-59所示。

图3-58

图3-59

06 按快捷键Shift+Ctrl+Alt+E将所有可见图层盖印到一个新的图层中，然后按快捷键Ctrl+J复制图层，接着执行“滤镜>其他>高反差保留”菜单命令，在弹出的“高反差保留”对话框中设置“半径”为1像素，如图3-60所示。将该图层的混合模式设置为“叠加”，最终效果如图3-61所示。

图3-60

图3-61

任务3.2 梦幻展示，效果震撼：制作引人入胜的展示效果

样机是对设计作品或图像进行展示的实物效果图，能让我们看到设计在现实世界中的效果。精心制作的样机能够显著提升设计的质感，如图3-62所示。

图3-62

01 执行“文件>导出>导出为”菜单命令，在打开的“导出为”对话框中设置“格式”为JPG，“品质”为7，如图3-63所示。

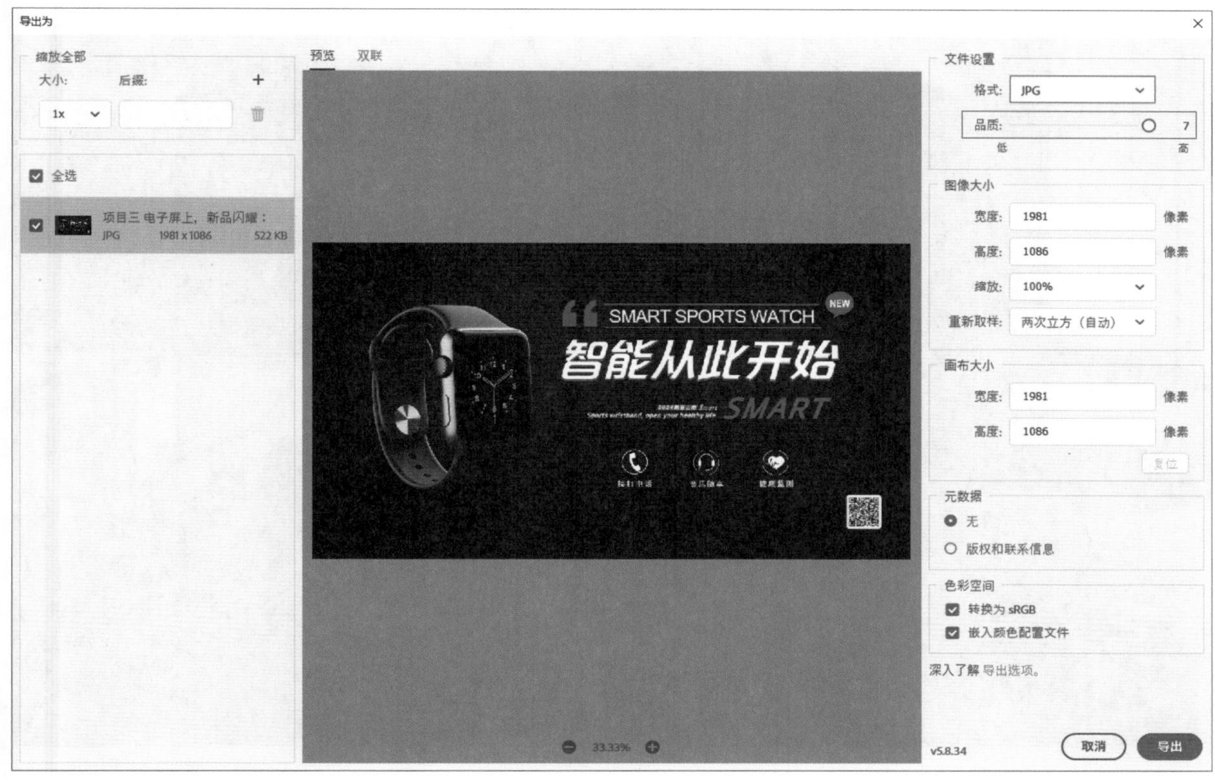

图3-63

02 打开“素材04.psd”文件，双击“图层”面板中的“双击替换”图层的缩览图，如图3-64所示。将上一步导出的图片拖曳至新打开的文档中，如图3-65所示。将图片等比放大并确认操作，效果如图3-66所示。

图3-64

图3-65

图3-66

03 按快捷键Ctrl+S保存文件并返回“素材04.psd”文档，海报的展示效果就制作完成了，最终效果如图3-67所示。确认效果后，将其保存并导出为JPEG格式的图片。

图3-67

项目总结与评价

项目总结

☞ 项目评价

评价内容	评价标准	分值	学生自评	小组评定
认识户外电子屏广告	能够叙述户外电子屏广告的设计要点	3		
	能够叙述户外电子屏广告的设计风格	3		
打造智能手表海报	能够新建文档，并设置相关的参数	3		
	能够将素材拖曳至画布中	3		
	能够通过拖曳控制点等比例缩放图像	4		
	能够设置图层的“不透明度”	3		
	能够创建空白图层	3		
	能够设置“画笔工具”的相关参数	3		
	能够使用“画笔工具”进行绘制	5		
	能够对图层进行编组	3		
	能够锁定图层	3		
	能够使用“主体”命令创建手表的选区	3		
	能够使用“快速选择工具”涂抹多余背景	5		
	能够使用“画笔工具”涂抹杂边	5		
	能够设置“选择并遮住”工作区输出图像的方式	3		
	能够使用“转换为智能对象”命令将普通图层转换为智能对象图层	4		
	能够使用“自由变换”命令等比例缩放图像，以及调整图像的位置	3		
	能够使用“椭圆选框工具”创建椭圆选区	3		
	能够使用“自由变换”命令对图像进行水平翻转、旋转和透视操作	5		
	能够使用“横排文字工具”输入文字，并设置文字的字体和字号等参数	5		
	能够为文字添加“斜面和浮雕”和“投影”图层样式，并设置相关参数	4		
	能够使用“矩形工具”“椭圆工具”“直线工具”绘制装饰元素	6		
	能够将对象从一个文档中拖曳到另一个文档中	3		
	能够使用“高反差保留”命令增强画面的质感	5		
制作引人入胜的展示效果	能够通过智能对象的替换，使用样机制作成品展示效果	6		
文件归档	能够导出 JPEG 格式的图像，并对制作的文件进行整理、输出	4		
综合得分		100		

拓展训练：设计护肤品海报

资源文件：学习资源>项目三>拓展训练：设计护肤品海报

扫码看教学视频

某护肤品品牌计划制作新款产品海报，目前已提供产品图片，现安排设计部在16小时内完成该护肤品海报的设计制作，用于在户外电子广告屏上进行新款产品宣传，制作效果如图3-68所示。

图3-68

设计要求

- 设计尺寸：383毫米×699毫米。
- 分辨率：72像素/英寸。
- 颜色模式：RGB。
- 源文件格式：PSD。
- 展示图格式：JPEG。
- 预览图格式：JPEG。

步骤提示

① 启动Photoshop，打开素材并抠取产品图像。

② 新建文档并制作背景，然后将产品摆放到合适的位置。

③ 添加特效，并制作出产品的倒影。

④ 添加相应文字并进行排版设计。

⑤ 保存文件，导出图像并制作展示效果。

项目四

青春风采，微信呈现

制作社团微信公众号首图

项目介绍

情境描述

开学伊始，某校交响乐社团计划在公众号上发布社团纳新的通知，以吸引潜在的新成员关注并深入了解社团的相关信息，因此委托我们完成其公众号首图的制作。

首先制订制作背景、制作标题框与标题、添加图片与装饰元素等制作计划。然后通过绘制形状、自定义图案和图案叠加等技术手段完成公众号首图的制作。最后完成源文件的命名与文件的归档工作，确保所有文件都能有序、高效地管理和检索。

任务要求

根据任务的情境描述，要求在4小时内完成公众号首图的制作任务。

① 在公众号首图的制作过程中，准确进行背景制作、标题框与标题制作、图片与装饰元素添加，确保参数设置准确无误。

② 公众号首图源文件颜色模式为RGB，分辨率为72像素/英寸，尺寸为900像素×383像素（横版）。

③ 按照工作时间节点对制作的文件进行整理、输出，并确保提交的文件符合客户的各项要求。

- 一份PSD格式的公众号首图制作源文件。
- 一份JPEG格式的公众号首图制作展示文件。

学习技能目标

- 能够新建文档，并设置相关的参数。
- 能够设置前景色并填充画布。
- 能够使用“矩形工具”绘制矩形，并设置矩形的属性。
- 能够隐藏“背景”图层。
- 能够使用“定义图案”命令自定义图案。
- 能够使用“图案叠加”命令叠加图案效果。
- 能够使用“画笔工具”绘制云朵的形状。
- 能够使用“直线工具”绘制斜线，并设置斜线的属性。
- 能够复制图层，并使用“自由变换”命令进行水平翻转。
- 能够使用“矩形工具”创建圆角矩形。
- 能够使用“图层样式”命令为形状添加“投影”效果。
- 能够将图形设置为其下方图层的剪贴蒙版。
- 能够使用“三角形工具”制作播放按钮。
- 能够使用“椭圆工具”和“矩形工具”制作播放条。
- 能够使用“矩形工具”绘制矩形，并将其设置为下层圆角矩形的剪贴蒙版。
- 能够对图层进行编组，并为其添加一个图层蒙版。
- 能够使用“横排文字工具”输入文字，并设置文字的字体和字号等参数。
- 能够对两个文字图层进行编组，并为其添加“投影”效果。
- 能够将素材拖曳至画布中，并进行等比缩放。
- 能够使用“路径选择工具”选择路径。
- 能够使用“添加锚点工具”在路径上添加锚点。
- 能够使用“多边形工具”绘制四角星。

- 能够将四角星顺时针旋转45°。
- 能够复制多个四角星，分别调整它们的大小、颜色和形态以装饰整个画面。
- 能够使用“导出为”命令导出JPEG格式的图像。

项目知识链接

色彩的基础知识对设计而言至关重要。学习色彩基础知识，有助于读者不断提升自己的设计能力和水平，为创作出更优秀的设计作品打下坚实基础。

色彩的混合原理

扫码看教学视频

牛顿曾通过色散实验，用三棱镜对太阳光进行分解，将可见光大致分解成红、橙、黄、绿、蓝、靛、紫7种颜色，如图4-1所示。在光的组成颜色中，有3种颜色不能由其他颜色混合而成，这便是光的三原色，即红色、绿色和蓝色。RGB颜色模式是一种发光模式，因此RGB颜色模式的三原色便是红色、绿色和蓝色，Photoshop就是基于RGB颜色模式进行调色的。

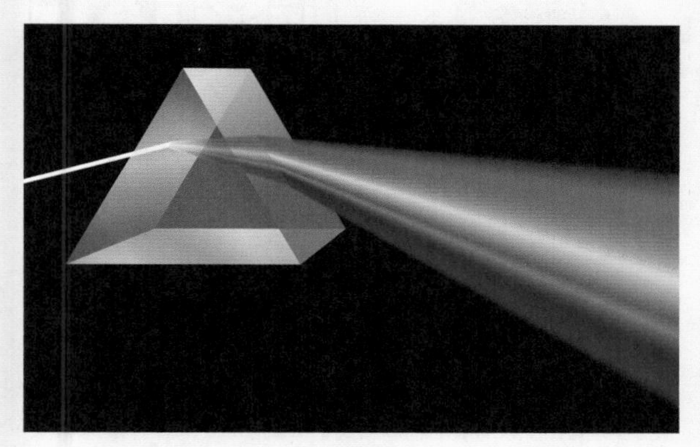
图4-1

下面讲解RGB模式的颜色是怎么进行混合的。图4-2所示的3个圆形之间均有部分重叠区域，它们的混合模式为“滤色”。从图中可以看到，红色和绿色混合后形成黄色，红色和蓝色混合后形成洋红色，蓝色和绿色混合后形成青色，红色、绿色和蓝色混合后形成白色。此外，红色和青色、绿色和洋红色、蓝色和黄色混合后也形成白色。在光学中，如果两种色光以适当的比例混合后可以产生白光，那么就称其为互补色。在色相环中，处于对角线位置的颜色就是互补色，如图4-3所示。由此可以得出，光学三原色对应的互补色为颜料三原色。

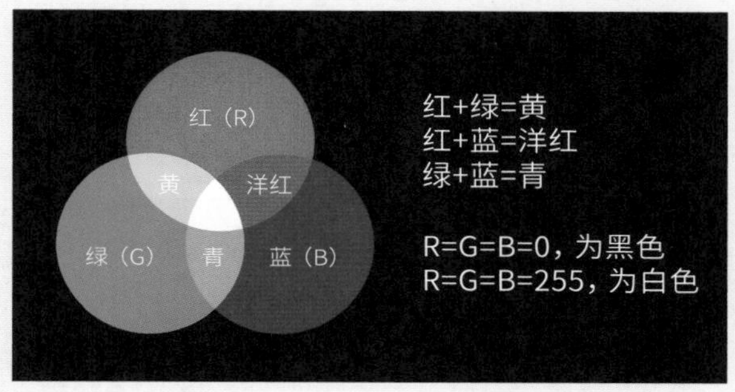

图4-2

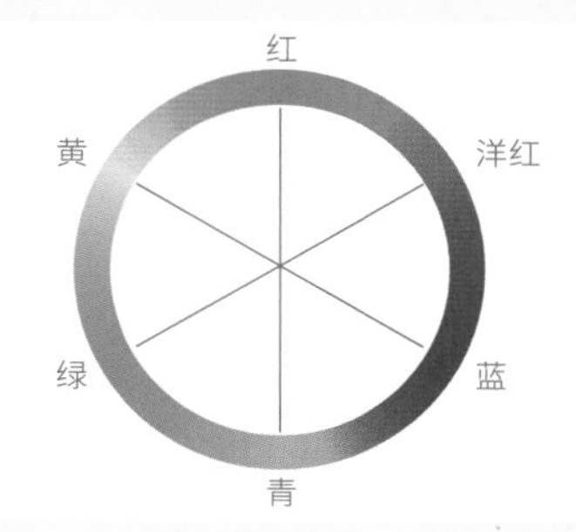

图4-3

在日常的生活中，通过发光呈现颜色的物体较少（如电视机和显示器等），大多数物体都会吸收一部分的光，并将其余的光反射到我们的眼中。CMYK就是基于这种原理混合颜色的。图4-4所示的3个圆形之间均有部分重叠区域，它们的混合模式为“正片叠底”。从图中可以看到，洋红色油墨和黄色油墨混合形成红色油墨，洋红色油墨和青色油墨混合形成蓝色油墨，青色油墨和黄色油墨混合形成绿色油墨。理论上，青、洋红和黄3种颜色的油墨按等比例混合会形成黑色，但是由于油墨的提纯技术有限，因此，需要借助黑色油墨才能印出黑色。

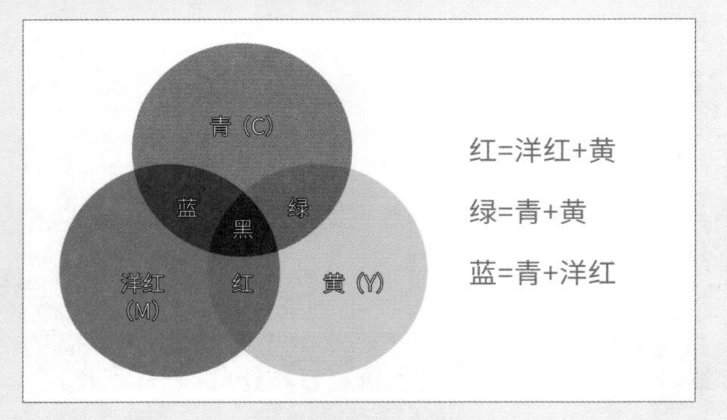

图4-4

提示

在印刷时，如果要将文字或线框等元素印刷成黑色，那么通常会设置C=M=Y=0，K=100。如果不想让画面出现大面积的“死黑”，可以设置C=M=Y=0，K的值为80~90。

色彩的基本属性

色彩是通过眼睛、大脑和我们的生活经验所产生的一种对光的视觉效应。因为有光，所以才有色彩。白天时我们可以看到五彩缤纷的世界，而漆黑的夜晚就什么都看不到了。我们看到的物体的颜色并不是它本身的颜色，而是它吸收了一部分波长的光后，将未吸收的可见光反射到我们眼中，经过视觉神经传递给大脑，形成的物体的色彩信息。

色彩的三要素包括色相、明度和饱和度（也称纯度）。色相指的是色彩的相貌，简单来说就是色彩的名称，如红色、黄色、绿色等，如图4-5所示。饱和度指的是色彩的鲜艳程度，当一种颜色中混入其他颜色时，其饱和度就会降低，当饱和度为0时，颜色会变为黑色或白色，如图4-6所示。明度指的是色彩的明亮程度。明度越高，颜色越亮；明度越低，颜色越暗，如图4-7所示。

图4-5

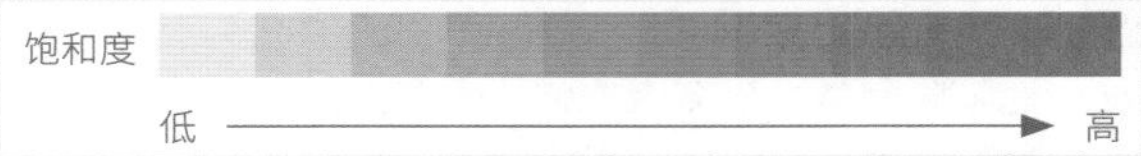

饱和度

低 高

图4-6

明度

低 高

图4-7

色彩的搭配技巧

CG色相环是一个以色彩科学为基础的色彩循环系统，主要用于帮助我们理解和运用色彩。在色相环中，红色是0°，绿色是120°，蓝色是240°，如图4-8所示。下面以CG色相环为例讲解常用的配色技巧。

第1种：单色系搭配。在确定色相后，可以通过改变颜色的饱和度或明度来达到不同的配色效果。单色系不存在色相差别，整体效果比较单调，没有对比，如图4-9所示。

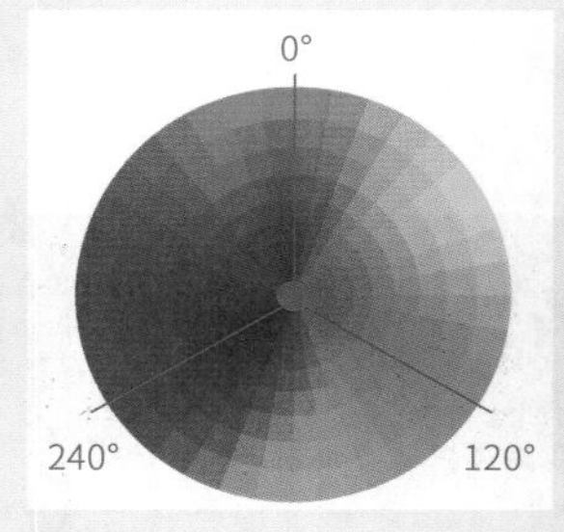

图4-8

图4-9

第2种：同类色搭配。同类色指的是同一色相的不同颜色。例如，红色中有深红、紫红、枣红、玫瑰红、大红等。在色相环中，夹角为15°的颜色可以形成同类色搭配，如图4-10所示。同类色的色相接近，搭配使用可使图像色调统一、自然，如图4-11所示。

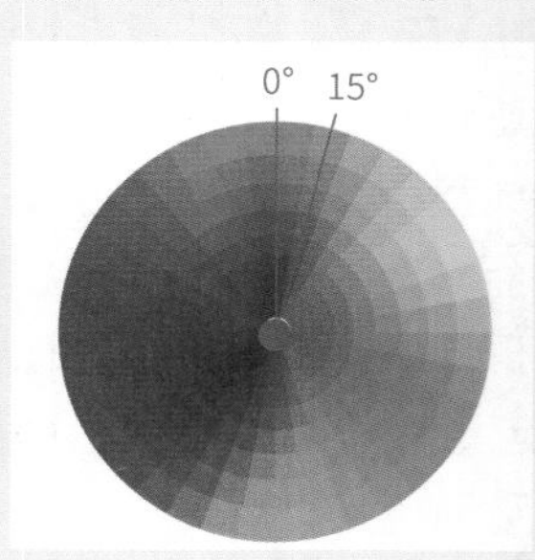

图4-10

图4-11

第3种：邻近色搭配。在色相环中，夹角为60°的颜色可以形成邻近色搭配，如图4-12所示。邻近色虽然在色相上有较大差别，但在视觉上却比较接近，搭配使用可使图像色调和谐统一、柔和舒适，如图4-13所示。

第4种：中差色搭配。在色相环中，夹角为90°的颜色可以形成中差色搭配，如图4-14所示。中差色搭配可以营造出独特的空间氛围，增强视觉效果，如图4-15所示。

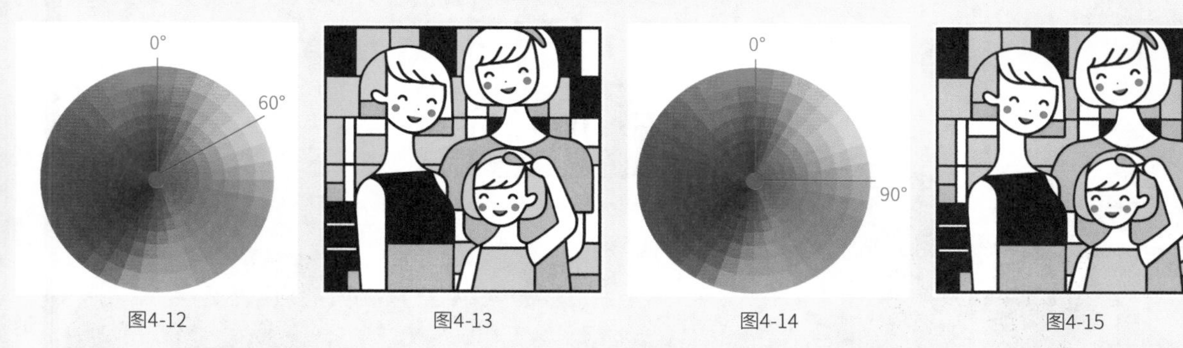

图4-12　图4-13　图4-14　图4-15

第5种：对比色搭配。在色相环中，夹角为120°的颜色可以形成对比色搭配，如图4-16所示。对比色的搭配具有明快、充满活力、饱满和华丽等特点，如图4-17所示。

第6种：互补色搭配。在色相环中，夹角为180°的颜色可以形成互补色搭配，如图4-18所示。互补色的对比特别明显，在视觉上有强烈的吸引力，如图4-19所示。

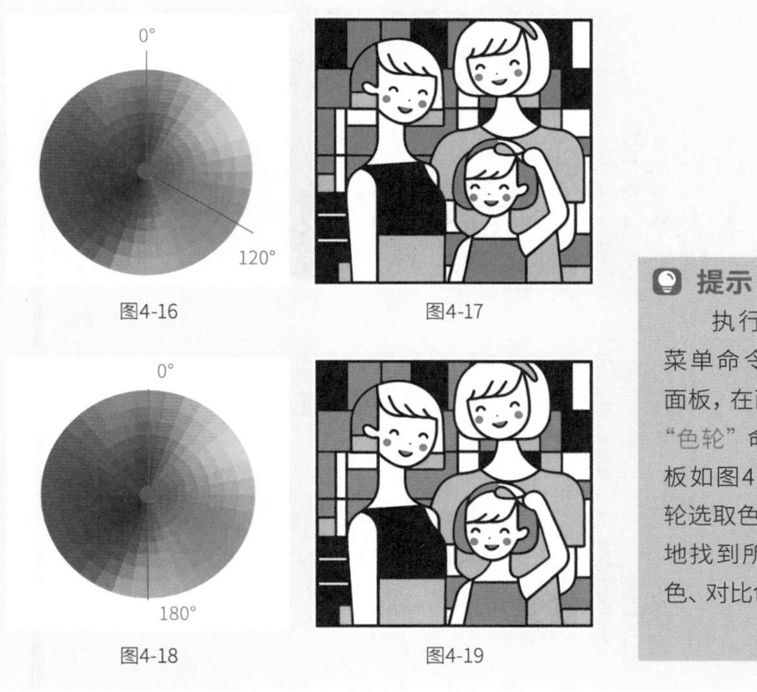

图4-16　图4-17

图4-18　图4-19

提示

执行“窗口>颜色”菜单命令，打开“颜色”面板，在面板菜单中执行“色轮”命令，“颜色”面板如图4-20所示。用色轮选取色彩，可以更方便地找到所选颜色的同类色、对比色和互补色等。

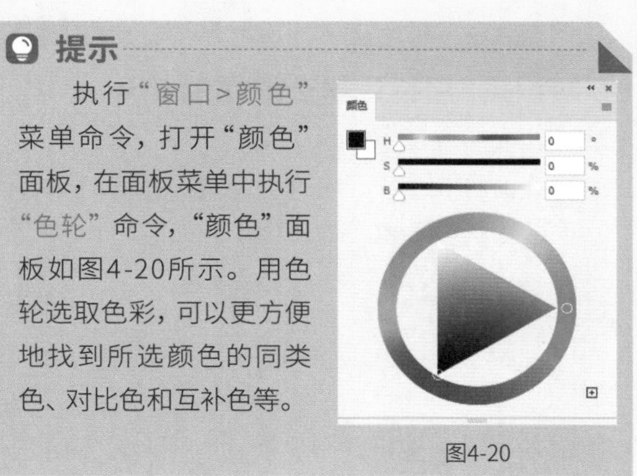

图4-20

任务实施

资源文件：学习资源>项目四>打造社团微信公众号首图

在设计公众号首图时，需要选择具有吸引力、能够展现社团活力和成员风采的图片，确保招新信息清晰明了。同时，设计应简洁明了，突出社团特色和招新信息，文字与图片的搭配应协调，如图4-21所示。

图4-21

任务4.1 首图生辉，引人注目：设计独特且吸引人的首图背景

01 启动Photoshop，按快捷键Ctrl+N新建一个尺寸为900像素×383像素、“分辨率”为72像素/英寸、“颜色模式”为“RGB颜色”的文档。设置前景色为（R:120，G:116，B:252），按快捷键Alt+Delete将画布填充为前景色，如图4-22所示。

扫码看教学视频

图4-22

知识点：用拾色器选取颜色

单击设置前景色或背景色的图标，打开相应的“拾色器”对话框，在色域中单击，或者在颜色模型（HSB、RGB、Lab和CMYK）的文本框中输入数值，即可选取颜色，如图4-23所示。在选取颜色后，单击“确定”按钮 确定 ，或者按Enter键即可将其设为前景色或背景色。

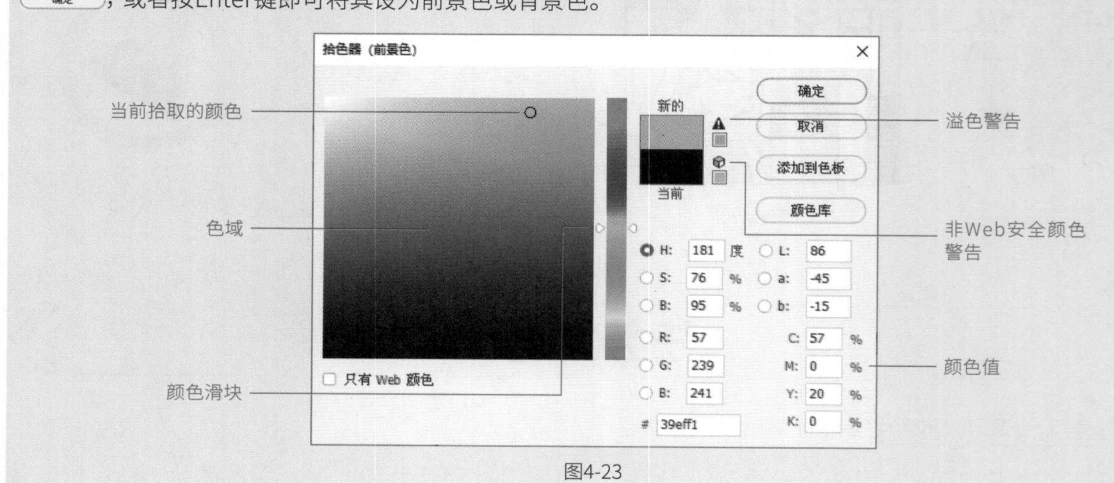

图4-23

Photoshop中共有4种颜色模型，分别是HSB、Lab、RGB和CMYK。对于某一种颜色，能够通过不同的颜色模型进行表达，图4-24所示为颜色模型的组成参数及其取值范围。

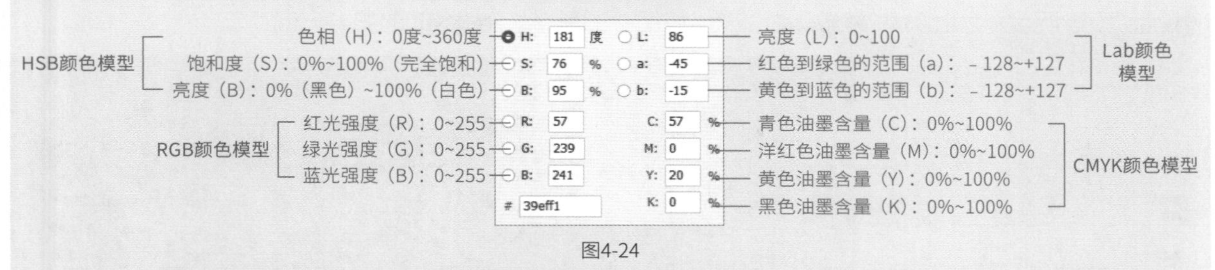

图4-24

“拾色器”对话框中默认为HSB颜色模型。在竖直的渐变条中单击，或者拖曳其旁边的滑块，可以改变色彩范围，如图4-25所示。选择S单选项并拖曳滑块，可以调整当前颜色的饱和度，如图4-26所示。选择B单选项并拖曳滑块，可以调整当前颜色的亮度，如图4-27所示。

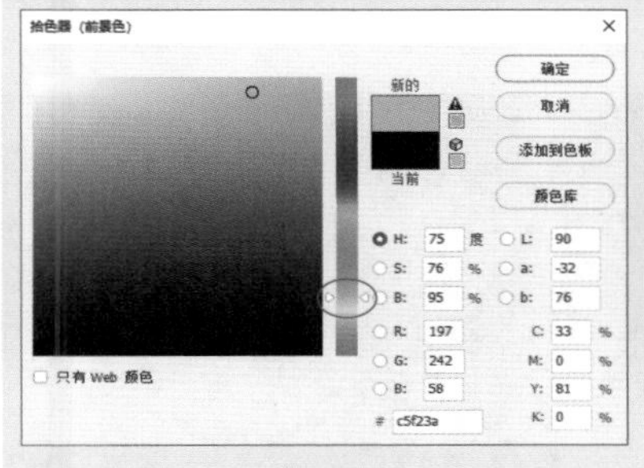

图4-25

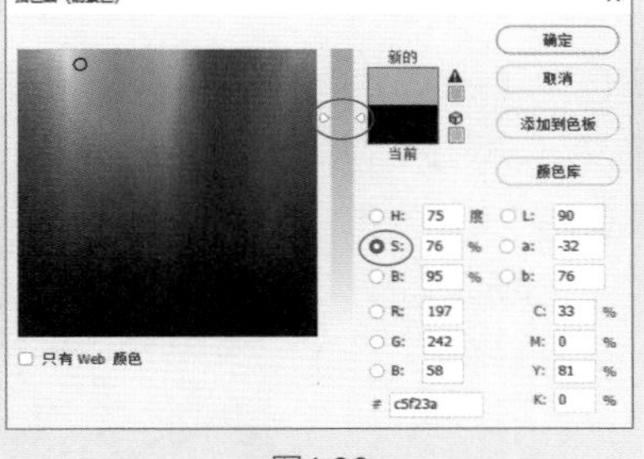

图4-26

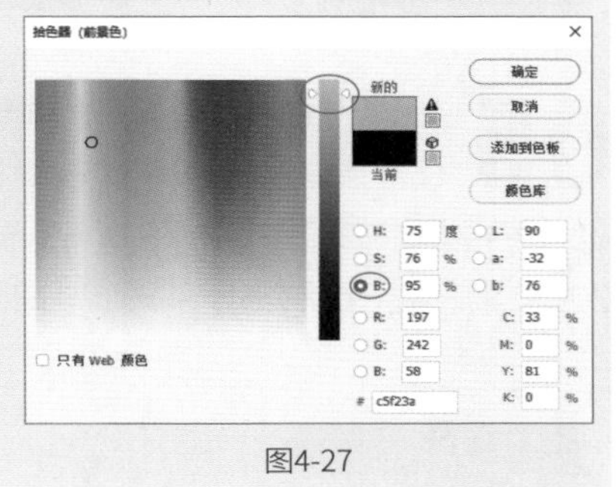

图4-27

02 下面制作背景中的网格图案。按快捷键Ctrl+N新建一个尺寸为60像素×60像素、“分辨率”为72像素/英寸、“颜色模式”为“RGB颜色”的文档。按快捷键Ctrl++放大画布，使用“矩形工具”绘制一个与画布大小相同的矩形，如图4-28所示。在“属性”面板中设置“填色”为无颜色，“描边”为（R:206，G:205，B:254），描边宽度为2像素，如图4-29所示。效果如图4-30所示。

图4-28

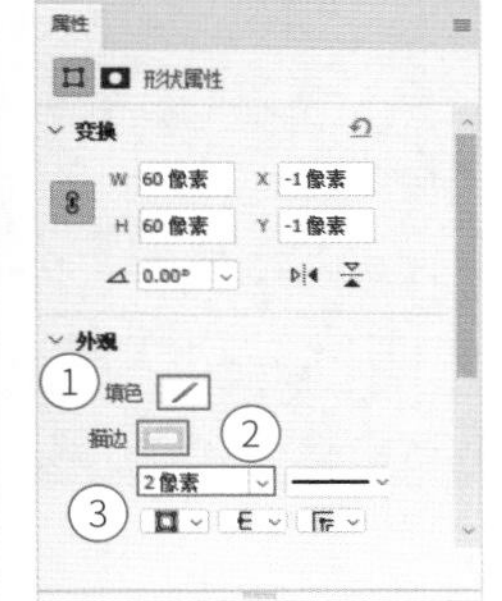

图4-29

图4-30

03 隐藏“背景”图层，效果如图4-31所示。执行“编辑>定义图案”菜单命令，打开“图案名称”对话框，为图案取一个名称，接着单击“确定”按钮，如图4-32所示。

图4-31

提示

定义图案时需要注意，如果图案带有背景，则填充效果也会有背景；如果图案的背景是透明的，则填充效果只有图案。

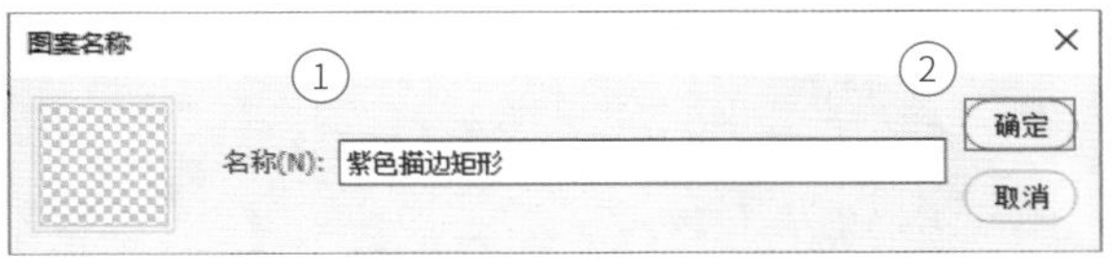

图4-32

04 切换回公众号首图的设计文档，然后按快捷键Ctrl+J复制“背景”图层，执行“图层>图层样式>图案叠加”菜单命令，打开“图层样式”对话框；选择步骤03中定义的“紫色描边矩形”图案，同时设置“不透明度”为25%，“缩放”为32%，如图4-33所示。效果如图4-34所示。

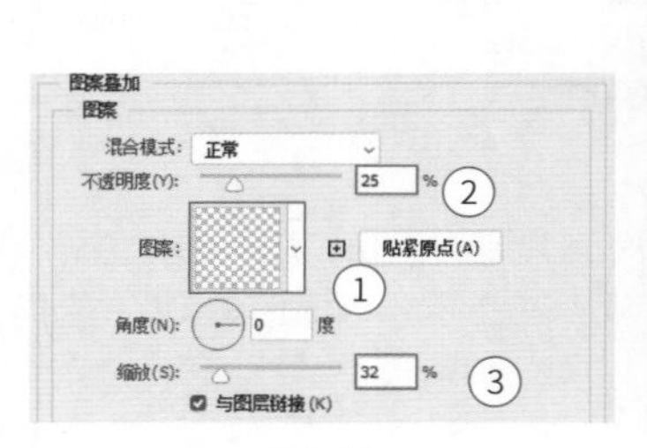

图4-33

图4-34

05 新建空白图层，设置前景色为（R:254，G:222，B:69），按B键选择“画笔工具”，在选项栏中选择“硬边圆”画笔，设置画笔“大小”为200像素左右，绘制出云朵形状，如图4-35所示。

图4-35

06 新建空白图层，设置前景色为（R:95，G:72，B:239），使用“画笔工具”再次绘制云朵形状，如图4-36所示。再次新建空白图层，然后在画布底部绘制云朵形状，使画面更有层次感，如图4-37所示。

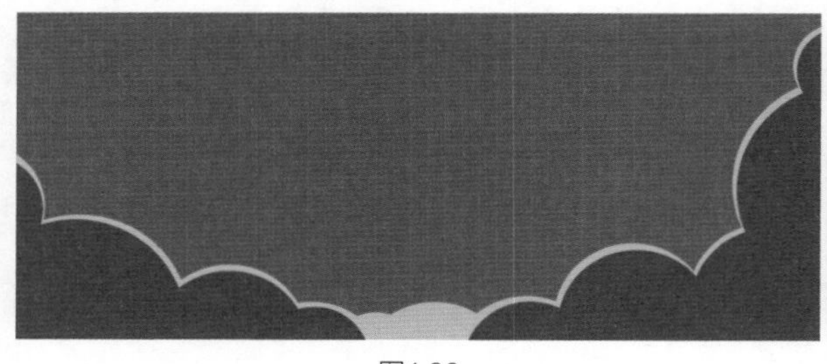
图4-36

图4-37

07 使用“直线工具”在画布中绘制一条斜线，并设置“填充”为无颜色，“描边”为（R:246，G:245，B:255），描边宽度为40像素，如图4-38所示。按快捷键Ctrl+J复制斜线，然后将其水平翻转，效果如图4-39所示。

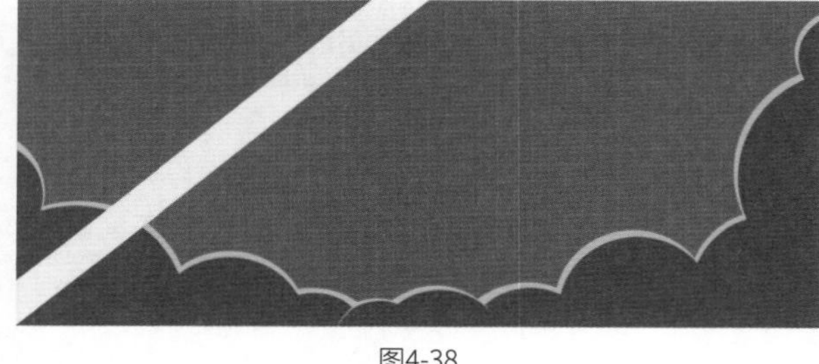
图4-38

图4-39

任务4.2 标题醒目，吸引眼球：制作具有视觉冲击力的标题框与标题

01 使用“矩形工具” 创建尺寸为326像素×226像素、圆角半径为20像素的圆角矩形，并设置“填色”为(R:79，G:51，B:222)，然后将圆角矩形放到画布中间，如图4-40所示。

扫码看教学视频

图4-40

02 执行“图层>图层样式>投影”菜单命令，打开“图层样式”对话框，参数设置如图4-41所示。按Enter键确认操作，效果如图4-42所示。

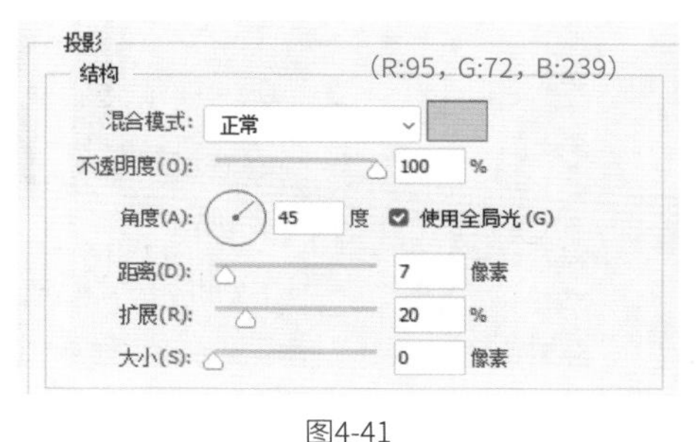

图4-41

图4-42

03 使用“矩形工具” 在圆角矩形下方创建一个白色的矩形，如图4-43所示。将它设置为下层圆角矩形的剪贴蒙版，效果如图4-44所示。

图4-43

图4-44

知识点：剪贴蒙版

剪贴蒙版可以用一个图层中的内容来控制多个图层的显示区域，是以组的形式出现的。在剪贴蒙版组中，位于最下方的图层称为基底图层（其名称带有下画线），其上方的图层统称为内容图层（其左侧有 图标并指向基底图层）。此外，可以将一个或多个调整图层创建为基底图层的剪贴蒙版，使其只针对基底图层进行调整，如图4-45所示。

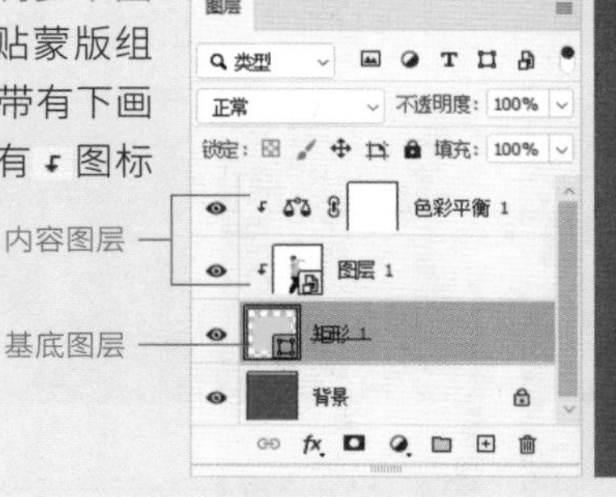

图4-45

内容图层的显示效果完全取决于基底图层。隐藏基底图层，剪贴蒙版组将全部隐藏。改变基底图层的位置、大小，内容图层的显示区域会随之改变，如图4-46所示。改变基底图层的混合模式和“不透明度”值，内容图层的显示效果也会相应改变，如图4-47所示。

内容图层必须与基底图层相邻，对内容图层进行的操作不会影响基底图层和其他内容图层。当对内容图层进行移动、变换等操作时，其显示范围也会随之发生改变。当内容图层中的图像范围小于基底图层中的图像时，没填满的区域将显示基底图层中的内容，如图4-48所示。

图4-46

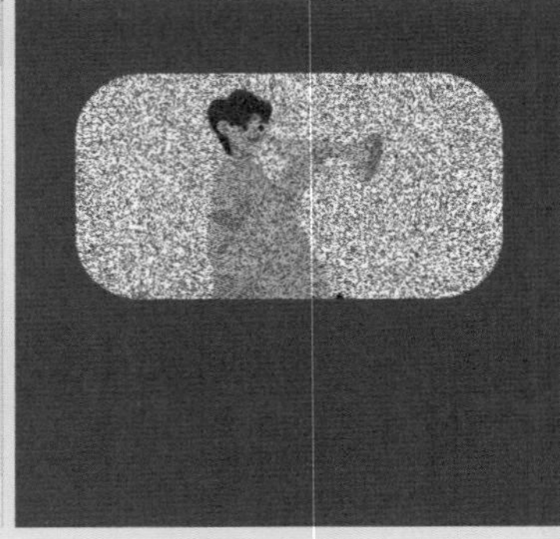
图4-47

图4-48

04 使用“矩形工具”在圆角矩形上方创建一个矩形，并填充为（R:151，G:153，B:255），如图4-49所示，然后将它设置为下层圆角矩形的剪贴蒙版，效果如图4-50所示。

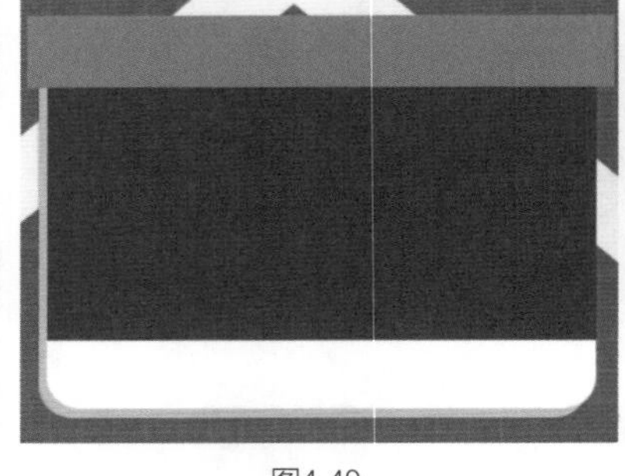
图4-49

图4-50

05 使用“椭圆工具”在框的左上角画3个圆形（可设置为任意颜色），如图4-51所示。使用“三角形工具”绘制一个三角形，并填充为（R:95，G:72，B:239），如图4-52所示。按快捷键Ctrl+T打开定界框，将三角形顺时针旋转90°，如图4-53所示。

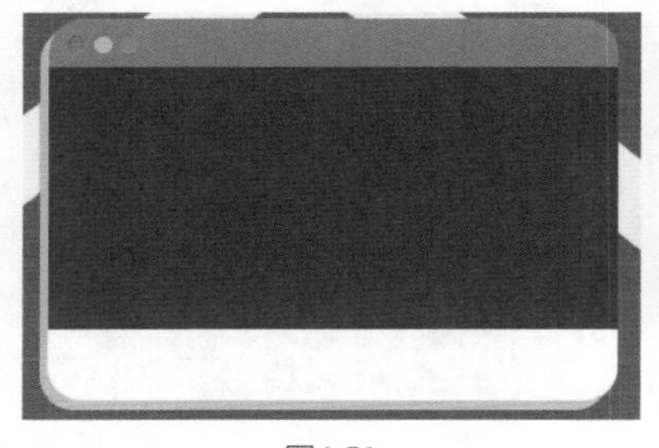
图4-51

图4-52

图4-53

06 使用“矩形工具” 创建尺寸为240像素×6像素、圆角半径为3像素的圆角矩形，并设置“填色”为（R:125，G:113，B:254），然后将其放到标题框底部，作为播放条，如图4-54所示。

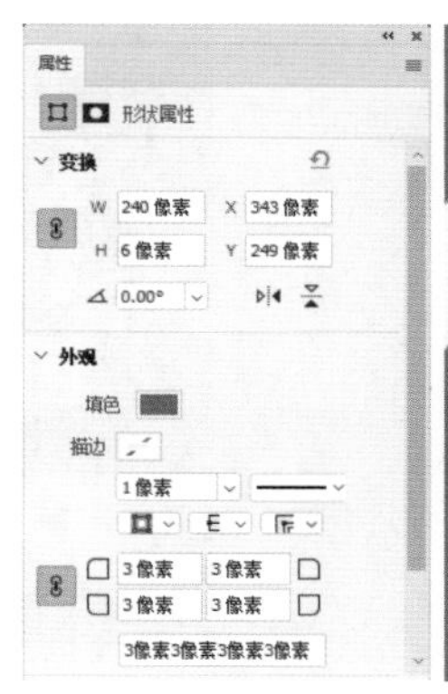

图4-54

07 使用“矩形工具” 在适当位置创建一个矩形，并填充为（R:121，G:219，B:68），如图4-55所示。将它设置为下层圆角矩形的剪贴蒙版，效果如图4-56所示。用“椭圆工具” 在适当位置创建一个圆形，如图4-57所示。

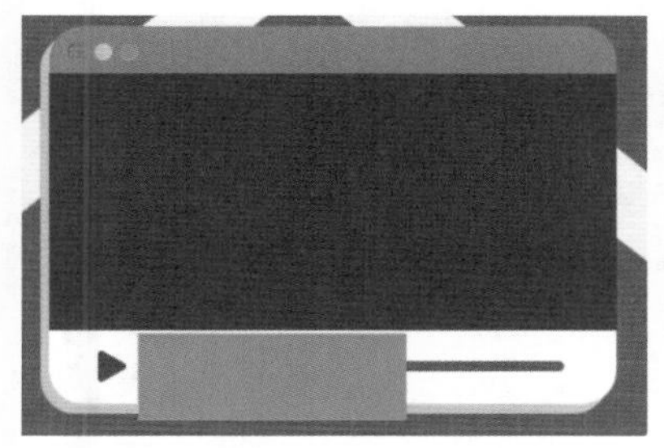

图4-55

图4-56

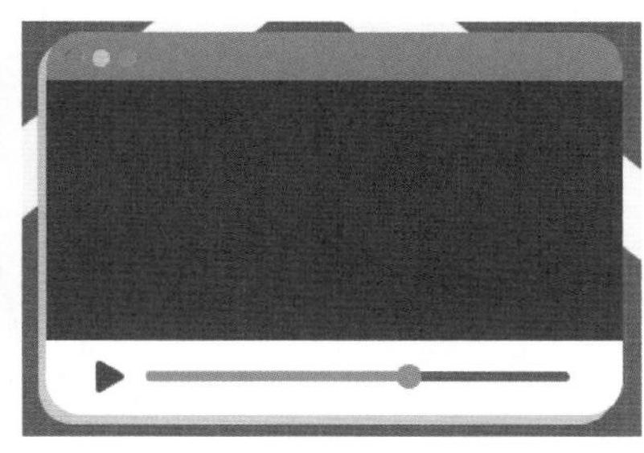

图4-57

08 选择背景中绘制了斜线的图层，按快捷键Ctrl+G对它们进行编组，然后为该组添加一个图层蒙版，如图4-58所示。使用黑色的画笔涂抹标题框上方的斜线，将其隐藏，如图4-59所示。

图4-58

图4-59

09 选择“横排文字工具” T，在画布中单击并输入“社团招新”，在“字符”面板中设置字体为“庞门正道标题体3.0”，字体大小为78点，“颜色”为白色，如图4-60所示。再输入“期待与你相遇”，在“字符”面板中设置字体为“庞门正道标题体3.0”，字体大小为50点，字间距为20，“颜色”为白色，如图4-61所示。

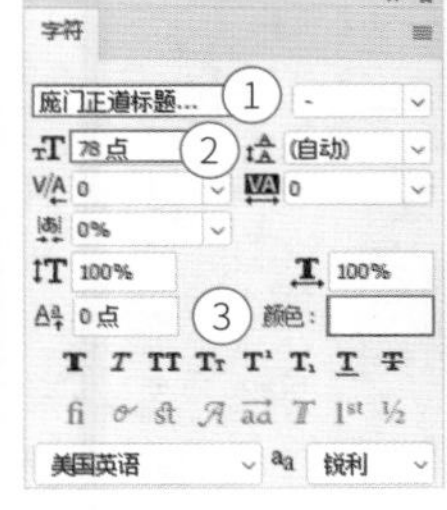

图4-60

图4-61

10 选择步骤09中创建的两个文字图层，按快捷键Ctrl+G对它们进行编组，然后为该组添加“投影”效果，参数设置如图4-62所示。效果如图4-63所示。

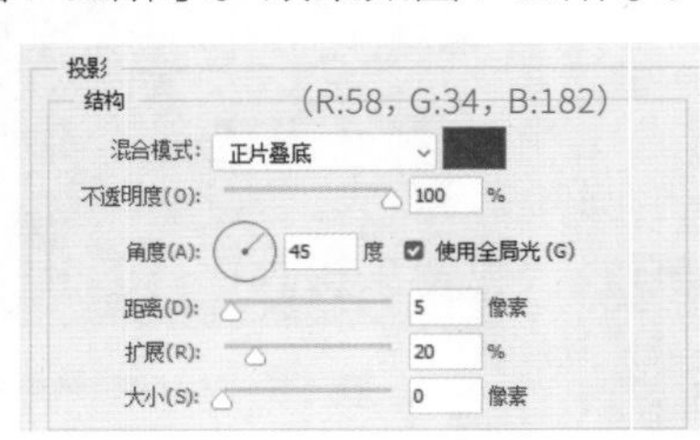

图4-62

图4-63

任务4.3 图文并茂，内容丰富：添加生动的图片与装饰元素

01 打开“学习资源>项目四>打造社团微信公众号首图>素材文件”资源文件夹中的“素材01.png”和“素材02.png”文件，然后分别将它们拖曳至画布中，如图4-64所示。

图4-64

02 使用“矩形工具”创建尺寸为62像素×35像素、圆角半径为10像素的圆角矩形，并设置“填色”为(R:121, G:221, B:65)，然后将其放到标题框下方，如图4-65所示。

图4-65

03 使用“路径选择工具”选择圆角矩形，然后使用“添加锚点工具”单击圆角矩形上边，添加3个锚点，如图4-66所示。使用“直接选择工具”选择图4-67所示的锚点，然后按↑键和←键，将其向左上角移动，如图4-68所示。

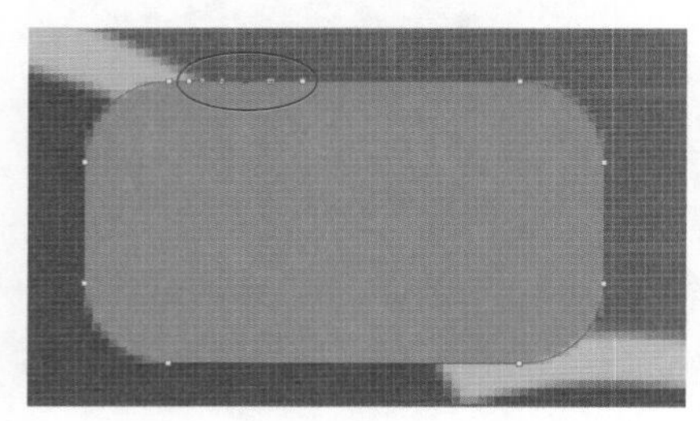

图4-66

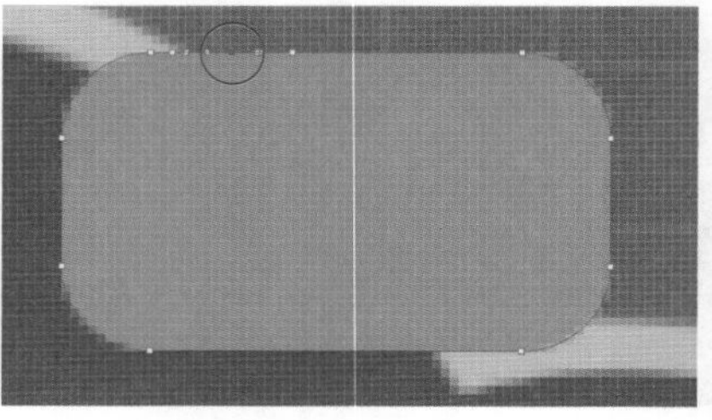

图4-67

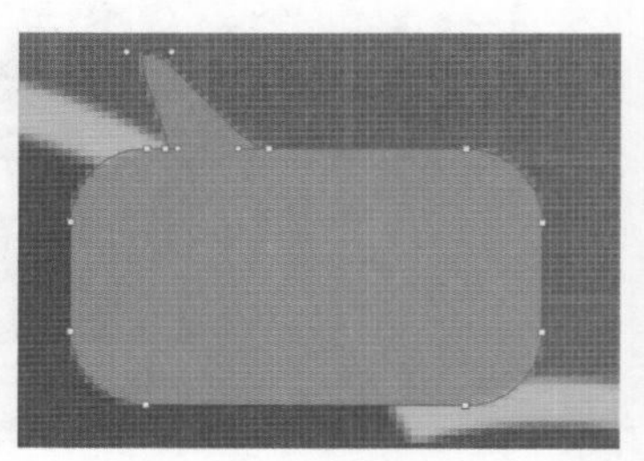

图4-68

04 选择“转换点工具”，分别单击图4-69所示的锚点，单击后平滑点变为角点，效果如图4-70所示。

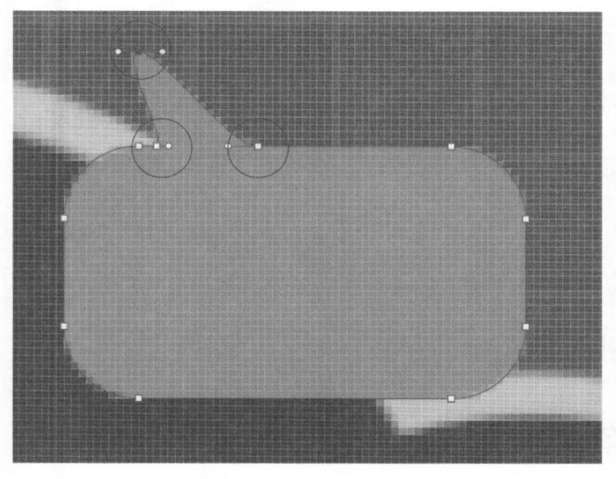

图4-69

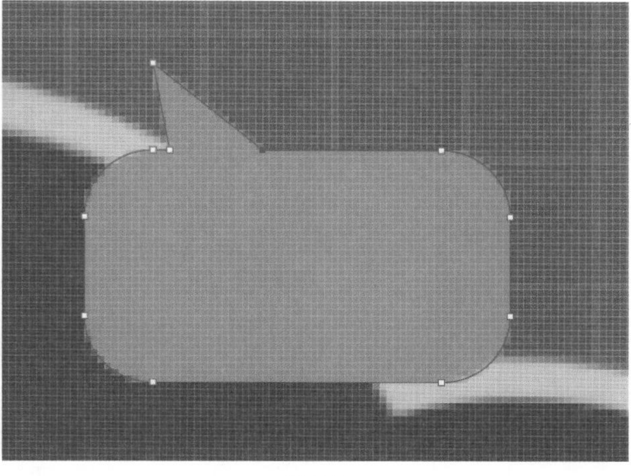

图4-70

提示

使用“转换点工具”可以转换锚点的类型。单击平滑点，可以将其转换为角点。拖曳角点，可以将其转换为平滑点。

05 使用“椭圆工具”绘制3个白色的圆形，如图4-71所示。对组成对话框的图层进行编组，并将其复制一份，水平垂直翻转复制的对话框并将其置于画面的右上方，如图4-72所示。

图4-71

图4-72

06 选择“多边形工具”，然后在其选项栏中设置绘图模式为“形状”，“填充”为（R:254，G:221，B:68），“描边”为无颜色；接着在图标右侧的文本框中输入4（这里设置的是多边形的边数）；再单击按钮，在下拉面板中选择“不受约束”单选项，勾选“平滑星形缩进”复选框，并设置“星形比例”为10%，如图4-73所示。按住Shift键和鼠标左键，拖曳鼠标，创建一个四角星，如图4-74所示。

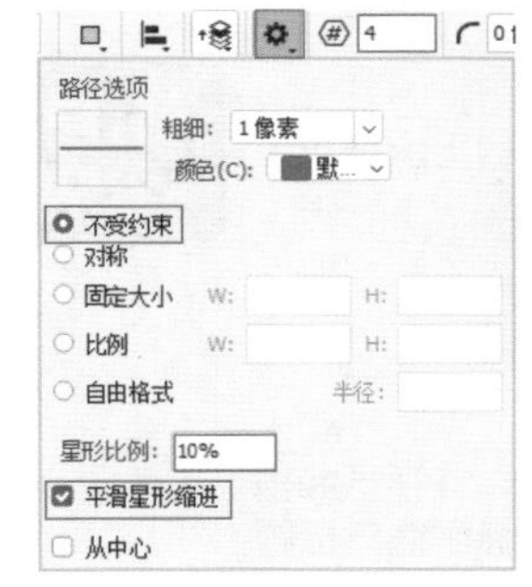

图4-73

图4-74

07 将四角星顺时针旋转45°并按Enter键确认操作，如图4-75所示。按V键选择“移动工具”，然后按住Alt键并拖曳四角星，复制四角星，如图4-76所示。

图4-75

图4-76

08 复制多个四角星，然后分别调整它们的大小、颜色和形态以装饰整个画面，最终效果如图4-77所示。确认效果后，将其保存并导出为JPEG格式的图片。

图4-77

项目总结与评价

项目总结

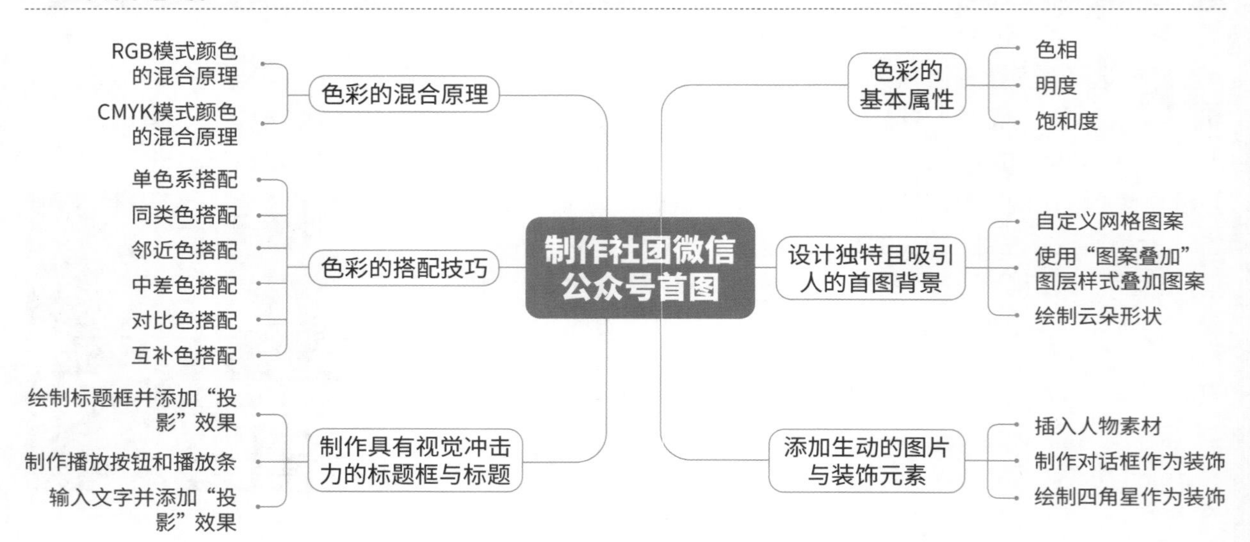

项目评价

评价内容	评价标准	分值	学生自评	小组评定
色彩的基础知识	能够叙述色彩的混合原理	2		
	能够总结色彩的基本属性	2		
	能够总结色彩的搭配技巧	4		
设计独特且吸引人的首图背景	能够新建文档，并设置相关的参数	2		
	能够设置前景色并填充画布	2		
	能够使用“矩形工具”绘制矩形，并设置矩形的属性	2		
	能够隐藏“背景”图层	2		
	能够使用“定义图案”命令自定义图案	4		
	能够使用“图案叠加”命令叠加图案效果	4		
	能够使用“画笔工具”绘制云朵的形状	4		
	能够使用“直线工具”绘制斜线，并设置斜线的属性	4		
	能够复制图层，并使用“自由变换”命令进行水平翻转	4		
制作具有视觉冲击力的标题框与标题	能够使用“矩形工具”创建圆角矩形	4		
	能够使用“图层样式”命令为形状添加“投影”效果	4		
	能够将图形设置为其下方图层的剪贴蒙版	4		
	能够使用“三角形工具”制作播放按钮	4		
	能够使用“椭圆工具”和“矩形工具”制作播放条	4		
	能够使用“矩形工具”绘制矩形，并将其设置为下层圆角矩形的剪贴蒙版	4		
	能够对图层进行编组，并为其添加一个图层蒙版	4		
	能够使用“横排文字工具”输入文字，并设置文字的字体和字号等参数	4		
	能够对两个文字图层进行编组，并为其添加“投影”效果	4		
添加生动的图片与装饰元素	能够将素材拖曳至画布中，并进行等比缩放	4		
	能够使用“路径选择工具”选择路径	4		
	能够使用“添加锚点工具”在路径上添加锚点	4		
	能够使用“多边形工具”绘制四角星	4		
	能够将四角星顺时针旋转 45°	4		
	能够复制多个四角星，分别调整它们的大小、颜色和形态以装饰整个画面	4		
文件归档	能够导出 JPEG 格式的图像，并对制作的文件进行整理、输出	4		
综合得分		100		

拓展训练：制作开学通知公众号首图

资源文件：学习资源>项目四>拓展训练：制作开学通知公众号首图

扫码看教学视频

我校计划在公众号进行开学通知推送，要求设计部在1个工作日内完成公众号首图的制作，用于提醒师生进行开学前的准备工作，制作效果如图4-78所示。

图4-78

设计要求

◇ 设计尺寸：900像素×383像素。
◇ 分辨率：72像素/英寸。
◇ 颜色模式：RGB。
◇ 源文件格式：PSD。
◇ 预览图格式：JPEG。

步骤提示

① 启动Photoshop，新建文档。
② 制作背景并添加图片。
③ 添加相应文字与效果。
④ 制作按钮与标志。
⑤ 保存文件，并导出JPEG格式的图像。

项目五

励志日签，暖心相伴

制 作 学 生 励 志 日 签

项目介绍

☞ 情境描述

某校学生会为鼓励广大学生积极面对学习与生活的挑战，计划分享一系列充满正能量、鼓舞人心的文字与图片，以传递积极向上的力量。学生会委托我们进行励志日签的设计与制作。

首先制订修复范围选定、颜色调整和滤镜选择等修图策略，以及制作背景、添加图片与文字排版等技术策略。然后通过瑕疵修复、肤色处理、五官修饰和形状绘制等技术手段完成励志日签的制作。最后完成源文件的命名与文件的归档工作，确保所有文件都能有序、高效地管理和检索。

☞ 任务要求

根据任务的情境描述，要求在8小时内完成励志日签的制作任务。

① 根据任务的具体要求，选择合适的日签风格类型、表现形式、配色方案和文字排版方式等，以确保日签的主题突出，立意明确。在制作过程中，准确进行图像调整、背景制作、图片与装饰元素添加，确保参数设置准确无误。

② 励志日签源文件颜色模式为RGB，分辨率为72像素/英寸，尺寸为1242像素×2208像素（竖版）。

③ 按照工作时间节点对制作的文件进行整理、输出，并确保提交的文件符合客户的各项要求。

- 一份PSD格式的日签制作源文件。
- 一份JPEG格式的日签制作展示文件。

学习技能目标

- 能够在Photoshop中按照指定路径打开素材。
- 能够使用“修补工具”修复眼部细纹。
- 能够使用“污点修复画笔工具”修复眼部细纹及脸部瑕疵。
- 能够使用快捷键将所有可见图层盖印到一个新的图层中，并将其转换为智能对象。
- 能够使用“液化”滤镜中的“向前变形工具”调整人物的脸型。
- 能够使用“液化”滤镜中的“人脸识别液化”功能调整人物的眼睛、鼻子、嘴巴和脸部形状。
- 能够使用Camera Raw滤镜中的“曲线”选项调整画面的对比度。
- 能够使用Camera Raw滤镜中的“混色器”选项调整各个颜色的饱和度和明亮度。
- 能够使用Camera Raw滤镜中的“颜色分级”选项为图像中的中间调和阴影添加偏色效果。
- 能够使用“色彩平衡”调整图层调整图像的色调。
- 能够使用快捷键新建文档。
- 能够使用“高斯模糊”菜单命令对图像进行模糊处理。
- 能够使用“矩形工具”按照特定尺寸绘制矩形，并填充颜色。
- 能够使用“水平居中对齐”按钮使对象与画布水平居中对齐。
- 能够将素材文件拖曳至画布中，能够等比例缩放图像并将其拖曳到合适的位置。
- 能够使用“图层样式”命令为图像添加“颜色叠加”效果。
- 能够使用“横排文字工具”输入文字，并设置文字的字体和字号等参数。
- 能够使用快捷键复制画板并进行重命名。
- 能够使用“导出为”命令导出JPEG格式的图像。

项目知识链接

版式设计是视觉传达设计的核心，它通过合理布局和组合文字、图形、色彩等元素传递信息。在版式设计过程中，需要遵循一些基础原则，以提升整个版面的美观性和阅读的舒适性。

排版与布局原则

排版与布局是版式设计的基础，合理排列和组合文字、图像等元素，可以确保版面的美观性、易读性。遵循这些原则可以增强视觉效果，提高信息传达效率，并强化品牌形象。

扫码看教学视频

1.单字不成行

在排版过程中，不能让一个字或某个标点出现在行首并单独占据一行，因为这会使版面显得零乱、不美观，也不符合阅读的习惯。如果出现了此类情况，可以通过微调字距、拉宽或缩窄段落进行调整，如图5-1所示。

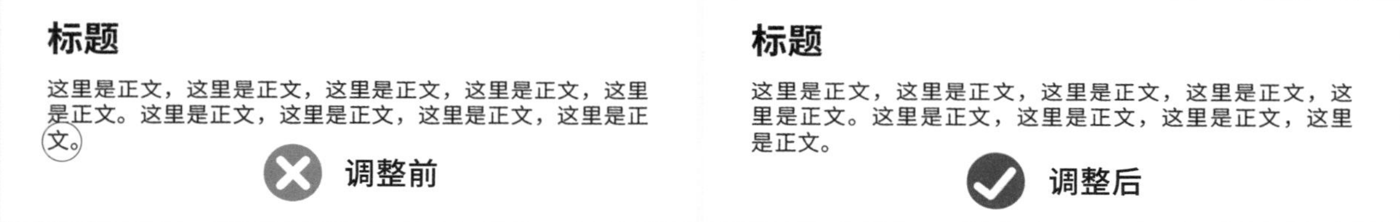

图5-1

2.首行空两格

段落开头的位置通常需要空两格，这样有助于清晰地划分段落，使文章结构更加分明，如图5-2所示。在特定的设计场景（如海报和网页等）下，为了突出视觉效果或传达特定的情感氛围，设计师可能不会使用这种设计形式。

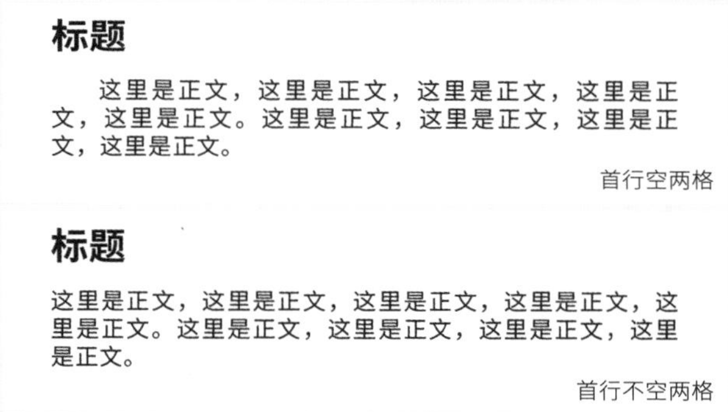

图5-2

3.避头尾

排版时可能会出现符号在行首的情况，这就需要根据避头尾法则进行处理，让文本更加整齐。软件不同，避头尾的处理方法也不同。例如，在Photoshop中需要在“段落”面板中设置“避头尾设置”为“JIS严格”，设置前后的效果如图5-3所示。需要注意的是，调整后可能会出现局部字距过大的情况，此时需要单独调整文段。

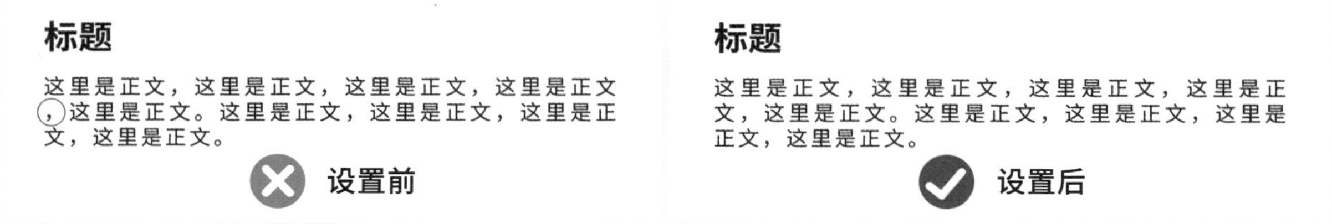

图5-3

4.亲密性

亲密性指的是将相关的元素组织在一起，形成视觉上的统一和关联，以增强版面内容的整体性和可读性，如图5-4所示。在排版过程中，可以通过设置合理的间距、比例等，使相关元素紧密相邻，避免不相关元素混杂在一起，从而提高设计作品的质量和视觉效果，如图5-5所示。

图5-4　　图5-5

5.对齐

对齐是指通过精确放置页面上的文本、图片、图形等元素，使它们按照统一的规律对齐，形成视觉上的联系，使整体页面具有秩序感。合理的对齐方式能够提升版面的专业性和美观度，如图5-6所示。常见的对齐方式包括左对齐、右对齐、居中对齐和两端对齐等。左对齐是最常用的方式，适用于大多数文本的排版；右对齐则常用于日期、时间、序号等特定内容的排版；居中对齐可以使版面更加平衡和稳定；两端对齐则可以使段落文字在边距之间均匀分布，从而使版面更加整洁，如图5-7所示。

图5-6　　图5-7

视觉表现原则

视觉表现原则是指在设计中通过色彩、形状、线条等视觉元素来传达信息和设计理念的一系列准则。遵循这些原则可以使设计作品更具吸引力，提升其清晰度和独特性，从而有效地传达信息。

扫码看教学视频

1.对比

对比是一种重要的设计原则，通过元素之间的差异来增强版面的视觉效果和吸引力。对比可以体现在多个方面，包括文字的大小、粗细、颜色、方向、虚实、远近及局部与整体的对比等，如图5-8所示。在实际应用中，设计师需要根据设计目的和内容需求，灵活运用对比手法，制作出既美观又易于阅读的版面效果，如图5-9所示。

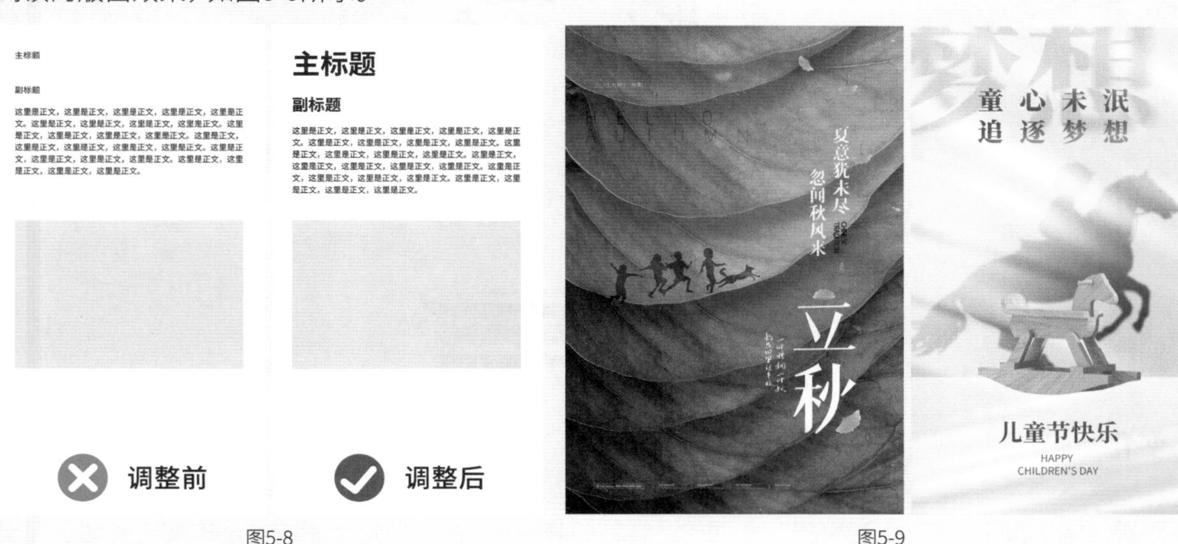

图5-8

图5-9

2.重复

重复指的是视觉要素的统一性，如色彩、字体和符号等的统一性，如图5-10所示。重复运用相同元素，既能使版面更整洁，又能提升整体的视觉冲击力和美感，如图5-11所示。在运用重复原则时，需要避免过度使用相同元素，适当的变化和差异是使画面生动和有趣的关键。

图5-10

图5-11

3.留白

留白指的是未被文字和图形占据的空白空间，适当的留白能让页面更美观，给人舒适感，如图5-12所示。合理地运用留白可以使设计作品看起来更加简洁、大气和美观，并衬托和凸显关键设计元素，如图5-13所示。

图5-12　　图5-13

4.变化

一成不变的元素容易使人感到乏味无趣，这样的版面也缺乏灵活感。适当调整图形、文字、色彩等元素的属性和排列方式，能够提升版面的多样性和趣味性，如图5-14所示。适度的变化有助于突出重点和区分信息层次，从而提升版面的吸引力和可读性，如图5-15所示。

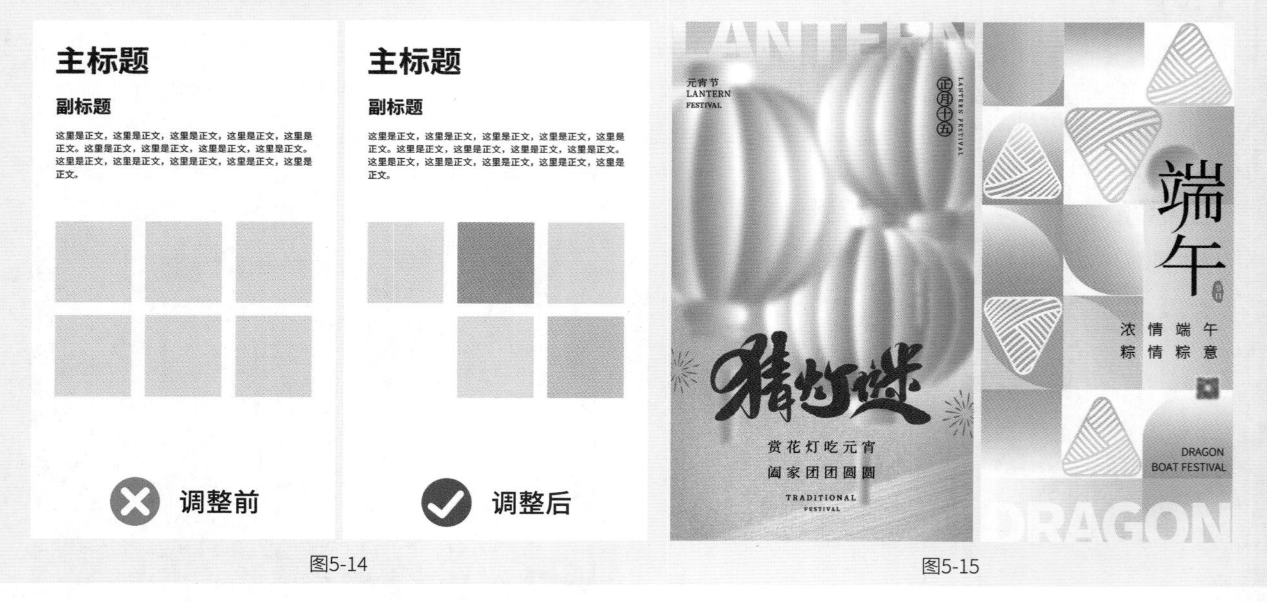

图5-14　　图5-15

任务实施

资源文件：学习资源>项目五>制作学生励志日签

制作励志日签时需注意文字内容的选择、图像的处理及排版布局的合理性，确保内容简洁明了、图像清晰美观、整体布局协调大方。

任务5.1 色调和谐，意境深远：精心打磨图像的色彩与质感

图像的调整主要体现在人物的修饰及图像色调的调整上，本任务需要对图像的色彩等进行调整，使图像效果更加美观，如图5-16所示。

图5-16

1.瑕疵修复，完美呈现：精细处理人像的瑕疵

01 启动Photoshop，然后按快捷键Ctrl+O打开“学习资源>项目五>制作学生励志日签>素材文件>素材01.jpg”文件，如图5-17所示。按快捷键Ctrl+J复制图层，然后按快捷键Ctrl++放大画面，可以看到人物脸上有一些细纹和瑕疵需要修复，如图5-18所示。

扫码看教学视频

图5-17

图5-18

02 使用“修补工具”在左眼下方绘制细纹选区，如图5-19所示，然后向下拖曳选区到目标区域，如图5-20所示。修复后的效果如图5-21所示。按快捷键Ctrl+D取消选区。

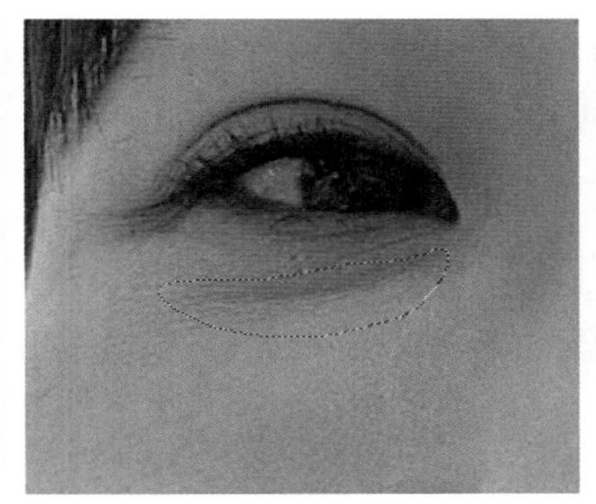

图5-19

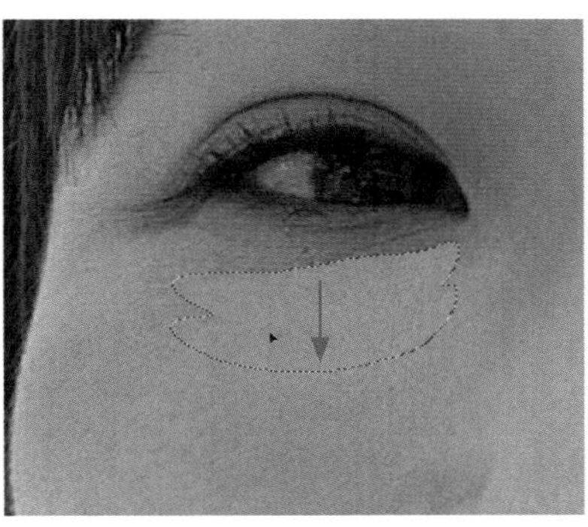

图5-20

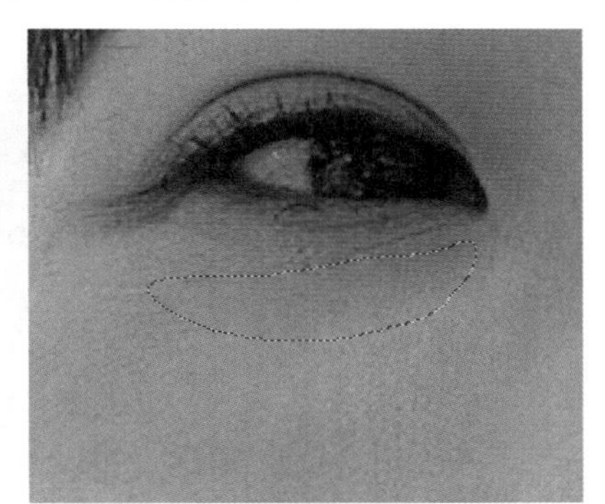

图5-21

03 用同样的方法修复右眼下方的细纹。使用“修补工具”在右眼下方绘制细纹选区，如图5-22所示，然后向下拖曳选区到目标区域，如图5-23所示。修复后的效果如图5-24所示。按快捷键Ctrl+D取消选区。

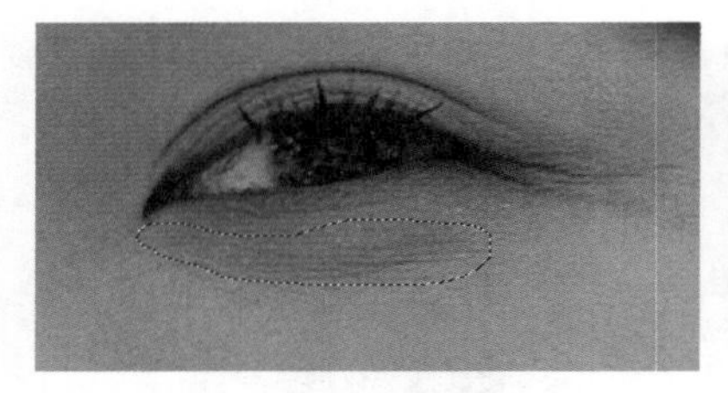
图5-22

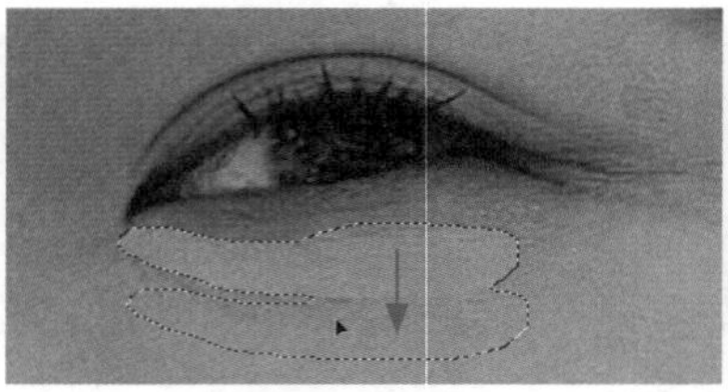

图5-23

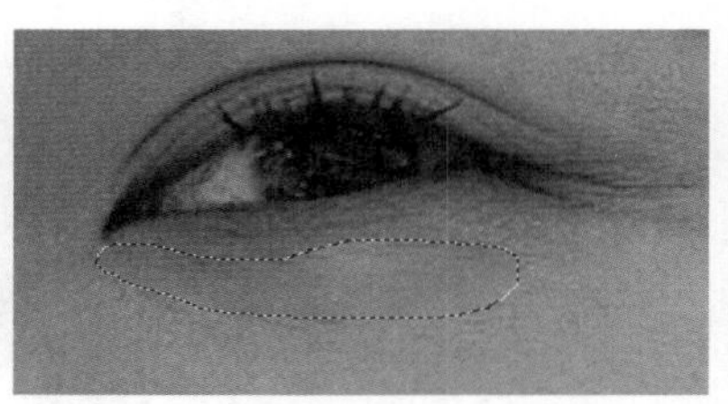
图5-24

04 在取消选区后，可以看到右眼的修复效果不是特别自然，如图5-25所示。新建一个空白图层，使用“污点修复画笔工具”进行修复，效果如图5-26所示。

05 使用“污点修复画笔工具”修复脸上的其他瑕疵，效果如图5-27所示。

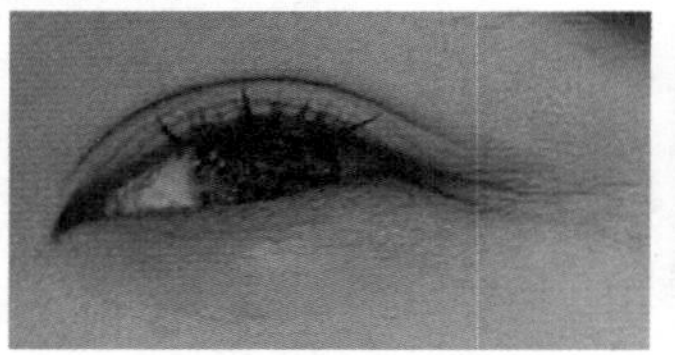
图5-25

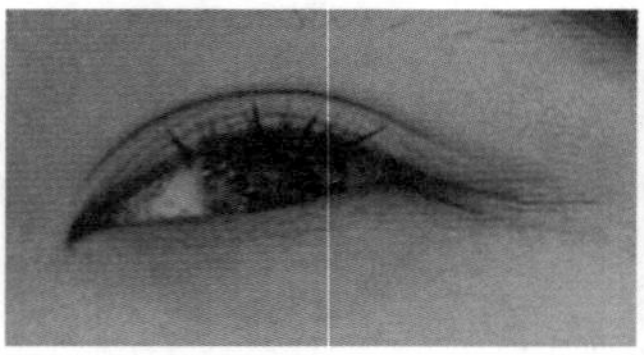

图5-26

图5-27

2.液化调整，形态更美：微调人物脸部的形状

扫码看教学视频

01 按快捷键Shift+Ctrl+Alt+E盖印所有可见图层，并将该图层转换为智能对象，然后执行“滤镜>液化”菜单命令或按快捷键Shift+Ctrl+X，打开“液化”对话框。按快捷键Ctrl++放大画面，然后按W键选择“向前变形工具”，参数设置如图5-28所示。在人物的脸颊上按住鼠标左键并拖曳鼠标，调整脸型，如图5-29所示。

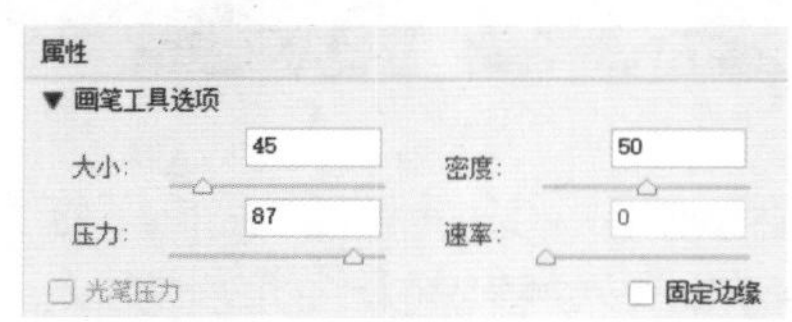

图5-28

图5-29

02 在对话框右侧的“人脸识别液化”中调整人物的眼睛、鼻子、嘴唇和脸部形状，参数设置如图5-30所示。按Enter键确认操作，调整后的效果如图5-31所示。

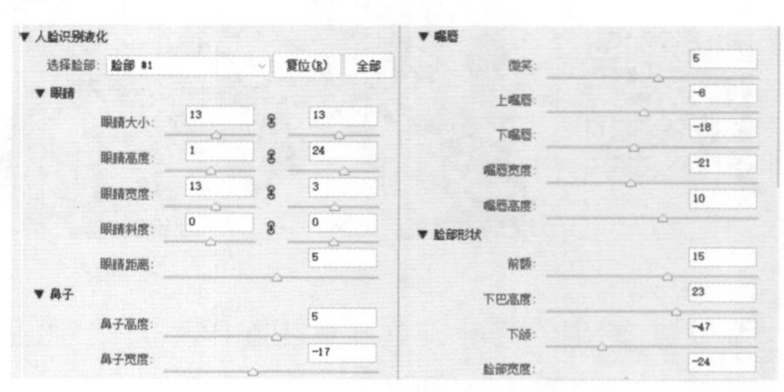

图5-30

图5-31

3.色调调整，视觉享受：创造和谐的图像色调

01 执行“滤镜>Camera Raw滤镜”菜单命令或者按快捷键Shift+Ctrl+A，进入Camera Raw滤镜操作界面，如图5-32所示。

图5-32

知识点：Camera Raw滤镜的操作界面组成

Camera Raw滤镜是专门用于编辑RAW格式图像的特殊插件，也可以用来处理JPEG格式和TIFF格式的文件。执行“滤镜>Camera Raw滤镜”菜单命令或者按快捷键Shift+Ctrl+A，进入Camera Raw滤镜的操作的界面，如图5-33所示。其中的工具的用法和Photoshop中工具的用法很相似，常用的工具有“编辑”工具和“蒙版”工具等。

图5-33

Camera Raw滤镜可用于调整图像的光影和色调，这些参数大多集中在“编辑”面板中。展开“亮”选项，在其中拖曳参数的滑块即可调整图像的曝光、对比度、高光和阴影等，如图5-34所示。在“颜色”选项中可以调整图像的白平衡、色温、色调和饱和度等，如图5-35所示。

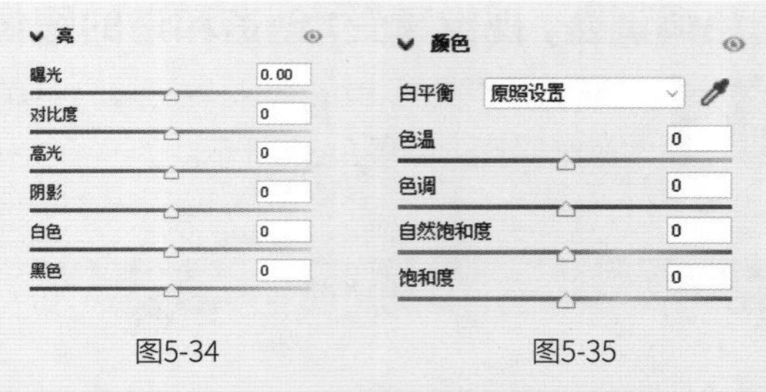

图5-34　图5-35

在“混色器”选项中可以分别调整不同颜色的色相、饱和度和明亮度，以更好地控制图像中的颜色。例如，如果想改变树叶的颜色，可以直接在“色相”选项卡中调整对应的颜色，如图5-36所示。如果无法确定要调整的颜色，可以使用“目标调整工具”进行选取，选择该工具，将鼠标指针置于要调整的区域，会出现所选颜色及调整范围，按住鼠标左键并拖曳鼠标即可进行调整。

图5-36

在“编辑”面板中调整参数会使画面整体产生变化，如果需要调整图像的特定区域，就需要使用蒙版。Camera Raw滤镜中蒙版的使用方法可以简单概括为“选哪里，改哪里”。使用“蒙版”面板中的工具可以定义编辑区域，如图5-37所示。

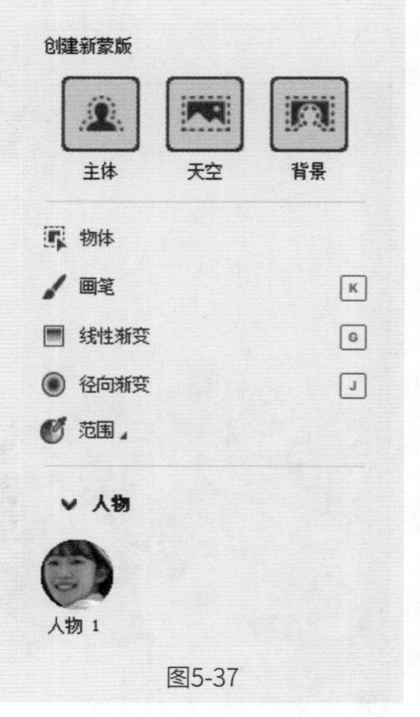

图5-37

02 展开“曲线”选项，调整曲线，以提亮画面的亮部，压暗画面的暗部，提高画面的对比度，如图5-38所示。单击“在‘原图/效果图’视图之间切换”按钮，可以看到原图与效果图的对比效果，如图5-39所示。

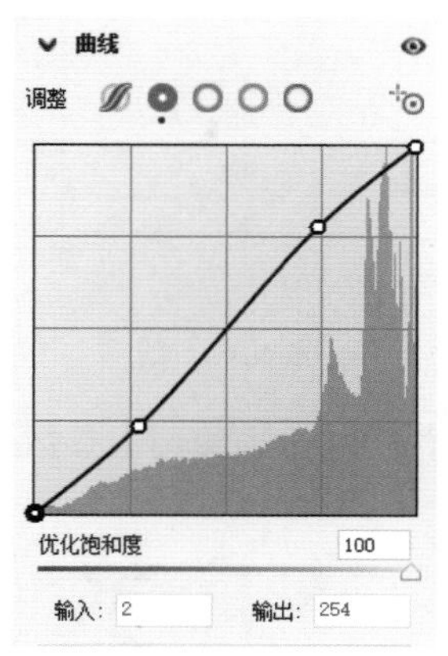

图5-38

图5-39

03 展开“亮”选项，设置“白色”为+10，“黑色”为+5；展开“颜色”选项，设置“自然饱和度”为+10，“饱和度”为+5；接着展开“效果”选项，设置“清晰度”为+2，如图5-40所示。原图与效果图的对比效果如图5-41所示。

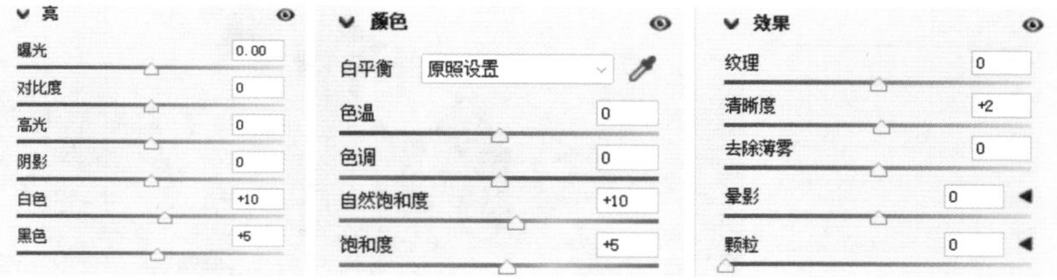

图5-40

图5-41

提示

“白色”指的是高光中最亮的区域，“黑色”指的是阴影中最暗的区域。

04 在“混色器”选项中修改“色相”，使画面整体偏绿，减少红色和洋红色，参数设置如图5-42所示。原图与效果图的对比效果如图5-43所示。

图5-42

图5-43

提示

调整参数后，按住Alt键并将鼠标指针置于参数名称上，该参数的名称会变为“复位”两字，如图5-44所示。单击“复位”即可将参数复位。

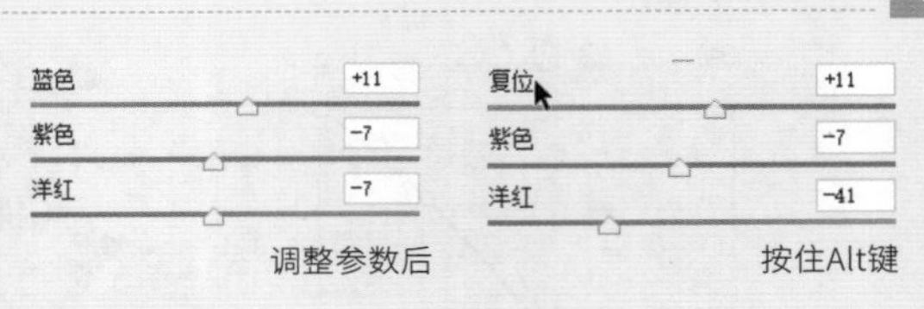

图5-44

05 在“混色器”选项中切换到“饱和度”选项卡，然后调整各个颜色的饱和度，参数设置如图5-45所示。原图与效果图的对比效果如图5-46所示。

图5-45

图5-46

06 在“混色器”选项中切换到“明亮度”选项卡，然后调整各个颜色的明亮度，使画面整体的层次感更强，参数设置如图5-47所示。原图与效果图的对比效果如图5-48所示。

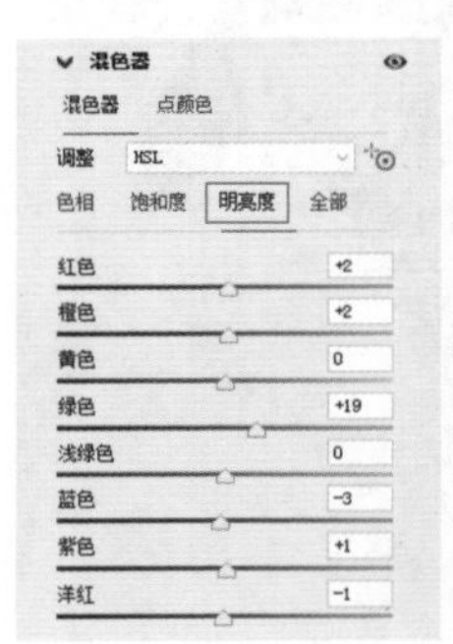

图5-47

图5-48

07 展开“颜色分级”选项，为图像中的中间调和阴影添加蓝色，并提高其亮度，然后压暗高光，参数设置如图5-49所示。原图与效果图的对比效果如图5-50所示。单击“确定”按钮 确认操作。

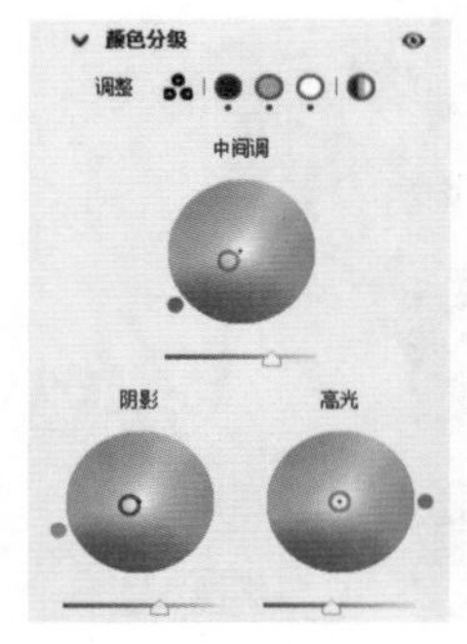

图5-49

图5-50

08 创建“色彩平衡”调整图层，设置参数，如图5-51所示，使画面整体偏蓝、偏青。调整后的效果如图5-52所示。按快捷键Ctrl+S保存文件，并导出为JPEG格式的图片备用。

属性
色彩平衡
色调：中间调
青色 红色 -12
洋红 绿色 0
黄色 蓝色 +11
保留明度

图5-51

图5-52

任务5.2 寄语日签，暖心相伴：设计与制作励志日签

在设计与制作日签时，需要综合考虑内容、排版和元素组合等方面，确保文字与图片或背景风格相协调；注重排版设计，遵守留白、对比和对齐等原则，力求达到既美观又实用的效果，如图5-53所示。

图5-53

1.日签设计，心意相映：精心制作日签版式

01 按快捷键Ctrl+N打开“新建文档”对话框，在“移动设备”选项卡中选择“iPhone8/7/6 Plus”预设，然后将任务5.1导出的图像拖曳到画布中并等比放大，如图5-54所示。执行“滤镜>模糊>高斯模糊”菜单命令，打开“高斯模糊”对话框，设置“半径”为18.0像素，如图5-55所示。

扫码看教学视频

图5-54　　图5-55

02 使用“矩形工具”▭绘制一个尺寸为1026像素×1748像素的白色矩形（矩形的尺寸不用完全一致），如图5-56所示。按快捷键Ctrl+A将画布全选，单击选项栏中的“水平居中对齐”按钮，使矩形与画布水平居中对齐，如图5-57所示。按快捷键Ctrl+D取消选区。

03 使用“矩形工具”▭绘制一个尺寸为960像素×1135像素的矩形（可以任意设置颜色），然后使其与画布水平居中对齐，如图5-58所示。将任务5.1导出的图像拖曳到画布中，水平翻转并等比放大，然后将其设置为这一步绘制的矩形的剪贴蒙版，效果如图5-59所示。

图5-56　　图5-57　　图5-58　　图5-59

04 打开“素材02.psd”文件，按V键选择“移动工具”✥，然后将Logo图层拖曳到文档中，等比缩小Logo图层并将其放到画布的左上角，使其与白色的边框对齐，如图5-60所示。双击Logo图层，为其添加“颜色叠加”效果，设置“颜色”为（R:25，G:102，B:51），效果如图5-61所示。

图5-60

图5-61

知识点：参考线的使用

参考线以浮动的状态显示在图像上方，在输出和打印图像时不会显示出来。执行“视图>标尺”菜单命令或者按快捷键Ctrl+R，画布左侧和顶部会显示标尺。按住鼠标左键，从左侧的标尺处向右拖曳，可以添加参考线，如图5-62所示。

如果要继续添加参考线，只需要重复相同的操作即可。如果想让参考线对齐标尺的刻度，可以在拖曳参考线时按住Shift键，参考线会自动吸附到标尺刻度上。执行“视图>参考线>新建参考线”菜单命令，在弹出的对话框中输入数值，可以指定参考线的位置，如图5-63所示。

图5-62

如果要锁定画布中的参考线，可以执行“视图>锁定参考线”菜单命令或者按快捷键Alt+Ctrl+;。如果要清除某条参考线，可以将其拖曳至画布之外。如果要清除画布中所有的参考线，可以执行“视图>清除参考线”菜单命令。如果要隐藏或显示参考线，可以执行“视图>显示>参考线”菜单命令或按快捷键Ctrl+;。另外，也可以执行“视图>显示额外内容”菜单命令或者按快捷键Ctrl+H来隐藏或显示参考线，不过用这种方法会隐藏或显示选区与路径。

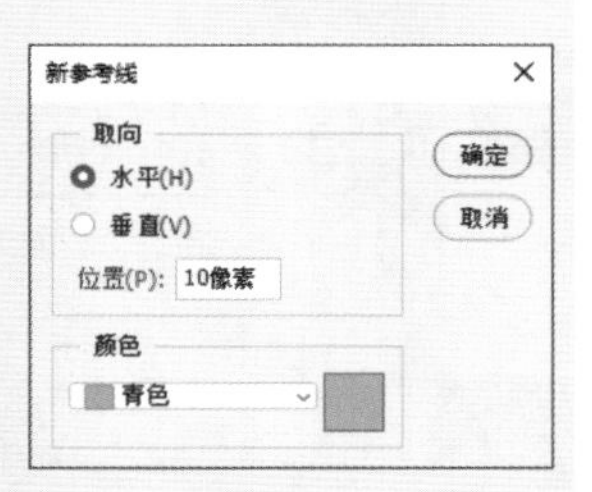

图5-63

执行“视图>显示>智能参考线”菜单命令，可以启用智能参考线。智能参考线可以帮助对齐形状和选区。启用智能参考线后，绘制、移动形状和创建选区时智能参考线会自动出现在画布中，如图5-64所示。

图5-64

05 使用“矩形工具”□绘制一个矩形，并设置“填充”为（R:25，G:102，B:51），然后将其置于画布的左上角，如图5-65所示。按快捷键Ctrl+J复制矩形，并设置“填充”为无颜色，“描边”为（R:25，G:102，B:51），描边宽度为3像素，然后将其向左上方移动一定距离，如图5-66所示。

图5-65

图5-66

06 将“素材02.psd”文件中的二维码拖曳到画布中，等比缩小并使其与图片的右侧对齐，如图5-67所示。

07 使用“横排文字工具”  在画面中输入相应的文字信息，并设置文字的字体和字号等，然后使用“直线工具”  绘制一条直线段作为装饰，如图5-68所示。

> **提示**
>
> 在使用图片和字体等资源时，要注意版权问题。尽量使用可免费商用或已购买版权的资源，避免产生侵权纠纷。

图5-67

图5-68

2.每日一签，纪念留存：灵活套用日签版式

01 在“图层”面板中选择“画板1”，然后按快捷键Ctrl+J复制画板，得到“画板1 拷贝”，将其名称修改为“画板2”，如图5-69所示。此时画板变成了两个，如图5-70所示。

图5-69

图5-70

提示

在Photoshop的文档窗口中，一般仅有一块区域（画布）用于显示图像，使用画板可以在原有画布之外创建新的画板。创建画板后，选择“画板工具”，在选项栏中修改画板的“宽度”和“高度”值，以调整画板的大小。将鼠标指针置于画板的边缘，当鼠标指针变为形状时按住鼠标左键并拖曳鼠标，即可改变画板的大小，如图5-71所示。

图5-71

02 选择“画板2”，删除其中的图片，得到日签的版式，如图5-72所示。按快捷键Ctrl+J复制“画板2”备用。

03 将“素材03.jpg”拖曳到画板中（图像已经调整好，可以直接使用），然后重复之前的操作，效果如图5-73所示。

图5-72

图5-73

04 修改色块和Logo的颜色，然后根据需求修改文案，得到新的日签，如图5-74所示。

05 将“素材04.jpg”拖曳到画板中，用同样的方法制作日签，如图5-75所示。确认效果后，将其保存并导出为JPEG格式的图片。

图5-74

图5-75

提示

为了丰富日签的视觉效果并满足不同主题与氛围的需求，我们可以预先制作几个不同的日签版式，使每个版式都有其独特的风格和元素组合，然后根据节日、季节、天气或特殊事件，挑选与之相关的图片，并搭配相应的文案，这样就可以轻松得到不同的日签。

项目总结与评价

项目总结

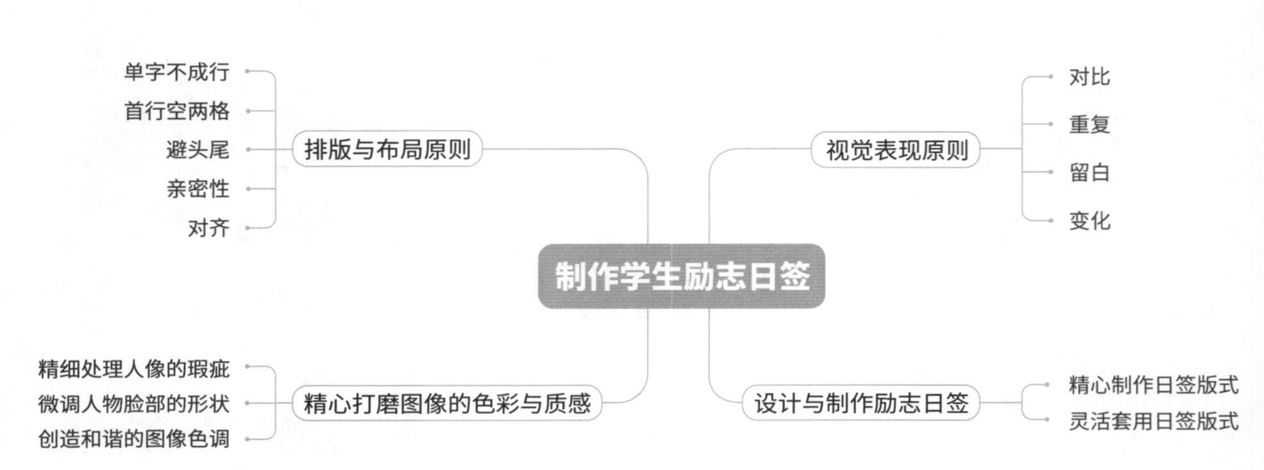

☞ 项目评价

评价内容	评价标准	分值	学生自评	小组评定
版式设计的基础原则	能够叙述排版与布局原则	4		
	能够叙述视觉表现原则	4		
精心打磨图像的色彩与质感	能够在 Photoshop 中按照指定路径打开素材	2		
	能够使用“修补工具”修复眼部细纹	5		
	能够使用“污点修复画笔工具”修复眼部细纹及脸部瑕疵	5		
	能够使用快捷键将所有可见图层盖印到一个新的图层中，并将其转换为智能对象	5		
	能够使用“液化”滤镜中的“向前变形工具”调整人物的脸型	5		
	能够使用“液化”滤镜中的“人脸识别液化”功能调整人物的眼睛、鼻子、嘴巴和脸部形状	5		
	能够使用 Camera Raw 滤镜中的“曲线”选项调整画面的对比度	5		
	能够使用 Camera Raw 滤镜中的“混色器”选项调整各个颜色的饱和度和明亮度	5		
	能够使用 Camera Raw 滤镜中的“颜色分级”选项为图像中的中间调和阴影添加偏色效果	5		
	能够使用“色彩平衡”调整图层调整图像的色调	5		
设计与制作励志日签	能够使用快捷键新建文档	5		
	能够使用“高斯模糊”菜单命令对图像进行模糊处理	5		
	能够使用“矩形工具”按照特定尺寸绘制矩形，并填充颜色	5		
	能够使用“水平居中对齐”按钮使对象与画布水平居中对齐	5		
	能够将素材文件拖曳至画布中，能够等比例缩放图像并将其拖曳到合适的位置	5		
	能够使用“图层样式”命令为图像添加“颜色叠加”效果	5		
	能够使用“横排文字工具”输入文字，并设置文字的字体和字号等参数	5		
	能够使用快捷键复制画板并进行重命名	5		
文件归档	能够使用“导出为”命令导出 JPEG 格式的图像，并对制作的文件进行整理、输出	5		
综合得分		100		

拓展训练：制作艺术日签

资源文件：学习资源>项目五>拓展训练：制作艺术日签

某艺术学校为推广艺术文化，激发学生的创作灵感，培养他们的艺术感知力和创造力，现安排设计部在8小时内完成艺术日签的制作，用于后续的推广和宣传，效果如图5-76所示。

设计要求

- 设计尺寸：1242像素×2208像素。
- 分辨率：72像素/英寸。
- 颜色模式：RGB。
- 源文件格式：PSD。
- 预览图格式：JPEG。

步骤提示

① 启动Photoshop，新建文档。
② 制作日签版式。
③ 将图片放到合适的位置，并进行裁剪。
④ 添加相应文字并进行排版设计。
⑤ 保存文件，并导出JPEG格式的图像。

扫码看教学视频

图5-76

提示

本例使用的图像是使用文心一格生成的，生成创意图像使用的提示词是“艺术，绘画，缤纷，生活的调色板”。

文心一格是百度依托飞桨、文心大模型的技术创新推出的AI作画产品，能根据用户输入的文字描述（提示词）快速生成各种风格的精美画作，从而给创作者提供灵感，辅助其进行设计与艺术创作。打开文心一格的网页并登录账号，就可以使用文心一格了。随着文心一格的更新迭代，读者在打开网页时看到的内容可能会有差别。文心一格网页默认显示“首页”，单击“AI创作”或右下角的图标即可进入操作页面，如图5-77所示。

图5-77

项目六

婚纱摄影，人像精修

探索婚纱摄影人像修图的奥秘

项目介绍

情境描述

我们接到了某摄影工作室摄影部门的工作任务，要求对一对新人的婚纱照进行精修，以制作新人的婚礼现场展示海报。

首先制订人物修复、液化调整、磨皮与褶皱处理等修图策略。然后通过瑕疵修复、肤色处理和五官修饰等技术手段完成婚纱照的精修工作。最后完成源文件的命名与文件的归档工作，确保所有文件都能有序、高效地管理和检索。

任务要求

根据任务的情境描述，要求在10小时内完成婚纱照的精修任务。

① 在制作过程中，需要从细节入手，对人物形象、婚纱配饰和背景等进行全面处理。

② 图片源文件颜色模式为RGB，分辨率为300像素/英寸，图片可保留原片尺寸，也可根据修图需求进行适当裁剪或放大。

③ 按照工作时间节点对制作的文件进行整理、输出，并确保提交的文件符合客户的各项要求。

- 一份PSD格式的图片处理源文件。
- 一份JPEG格式的图片处理展示文件。

学习技能目标

- 能够在Photoshop中按照指定路径打开素材。
- 能够使用快捷键复制“背景”图层，并将其转换为智能对象。
- 能够使用Camera Raw滤镜调整画面的曝光、色温、色调。
- 能够使用“裁剪工具”向下扩展画布。
- 能够使用“矩形选框工具”框选人物的腿部，并使用“自由变换”命令将人物的腿部拉长。
- 能够使用“快速选择工具”创建目标区域的选区，并进行复制。
- 能够使用“自由变换”命令补齐婚纱的裙摆，并对其进行变形处理。
- 能够通过添加蒙版去掉婚纱的多余区域，并使用调整图层调整婚纱的亮度。
- 能够使用快捷键将所有可见图层盖印到一个新的图层中。
- 能够使用“污点修复画笔工具”“修复画笔工具”“修补工具”修复人物面部的细纹和油光等。
- 能够使用“污点修复画笔工具”“修复画笔工具”“修补工具”修复墙面和地面的污渍。
- 能够使用“移除工具”去除碎发。
- 能够在“通道”面板中选择对比最强烈的通道，然后结合“色阶”命令使人物面部的高光区域更明显。
- 能够使用“曲线”调整图层对人物面部高光明显的区域进行优化。
- 能够使用“液化”滤镜中的“向前变形工具”调整人物的脸型、头发、手臂和腰身等。
- 能够使用“液化”滤镜中的“人脸识别液化”功能调整人物的眼睛、鼻子、嘴唇和脸部形状。
- 能够使用“液化”滤镜中的“膨胀工具”调整人物的胸部。
- 能够使用“液化”滤镜中的“平滑工具”将变形的衣服处理得更自然一些。
- 能够使用“高斯模糊”命令调整“低频”图层。
- 能够使用“应用图像”命令调整“高频”图层。
- 能够使用“黑白”命令将图像转换为黑白图像。
- 能够使用“混合器画笔工具”将光影涂抹均匀。

- 能够使用“仿制图章工具”“修复画笔工具”“修补工具”修复皮肤上的瑕疵及衣服的褶皱。
- 能够使用“快速选择工具”创建牙齿的选区，并使用“曲线”调整图层将牙齿变白一些。
- 能够使用“USM锐化”命令锐化图像，使图像的细节更加清晰。
- 能够使用“色彩平衡”调整图层调整图像的色调。
- 能够使用“快速选择工具”创建男性西服的选区，并使用调整图层的图层蒙版将其恢复为原始颜色。
- 能够使用“曲线”调整图层增强画面的对比度。
- 能够使用“导出为”命令导出JPEG格式的图像。

项目知识链接

婚纱摄影修图涉及多个方面。修图师需要了解新人的需求和期望，根据他们的意见对图像进行调整，以确保修图结果符合新人的期望。此外，修图师还需要注意整体色调和风格的统一、人体比例的调整、细节的处理等多个方面。

色调和风格的统一

色调和风格的统一是确保照片整体视觉效果和谐的关键。修图师需根据新人选定的风格和主题，精心调整照片的色彩和元素，以确保照片呈现出和谐视觉效果，如图6-1所示。

图6-1

婚纱摄影的风格多种多样，包括复古、简约和森系等。例如，在处理森系风格的婚纱照时，可以通过调整整体色调和细节处理，保持照片的自然感和真实感，如图6-2所示。

图6-2

人体比例的调整

婚纱摄影修图中的人体比例调整是一个至关重要的环节，涉及对照片中人物身材的精细调整，以确保最终呈现出的婚纱照既符合审美标准，又能凸显新人的身材优势。

在常规的人体美学中，人体通常被分为几个关键部分，如头部、上半身（胸部及以上）、下半身（腰部及以下）等。理想的人体比例是上半身略短于下半身，腿部尽可能修长。同时，肚脐通常被视为身高的黄金分割点，即上半身与下半身的比例接近0.618：1。在修图过程中，需要根据这些基本规则对照片中的人体比例进行调整。如果人物的下半身较短，可以通过拉长腿部线条、缩短上半身或者调整拍摄角度来进行改善，如图6-3所示。反之，如果下半身已经较修长，就需要注意避免过度拉长，以免显得不自然。

图6-3

“三庭五眼”是衡量面部比例的重要标准，它可以帮助修图师判断人物的面部是否端正、匀称，以及五官位置是否合适。在修图过程中，修图师需要根据这一标准来调整人物的脸部宽度、眼角到侧面发际线的距离等，以确保面部比例协调，如图6-4所示。值得注意的是，“三庭五眼”不是一个绝对的标准，而是一个相对的调整思路。每个人的面部特征都是独特的，因此在应用这一标准时需要根据具体情况进行适当调整，以展现人物的独特魅力。此外，修图时还需要关注身体各部位与其他部位的比例。例如，头部的大小应与身体其他部位相协调；肩膀宽度与腰部宽度的比例也要适中，以展现出稳健的体态；手臂的长度和位置也要与整体比例相匹配。

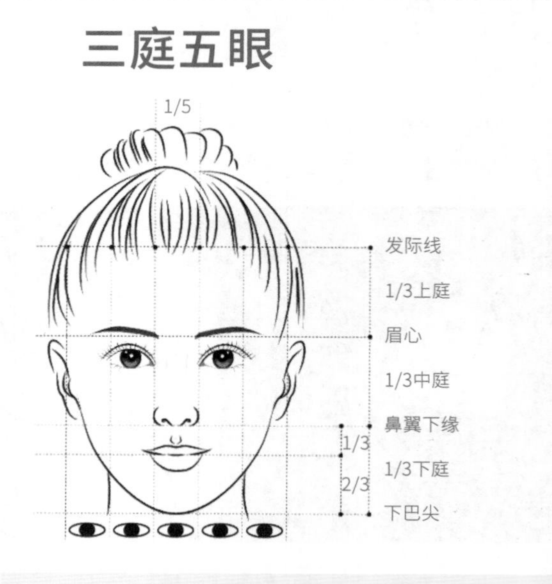

图6-4

细节的处理

婚纱摄影修图中的细节处理涉及对照片中的微小元素的精细调整和优化，图6-5所示为常见的需要调整的细节，包括人物形象的修饰、背景的处理及服装调整等。在人物形象的修饰方面，需要着重调整人物的皮肤、五官、脸型等，使人物形象更加完美。进行背景处理时则需要去除杂物、调整光影效果等，以突出人物形象。虽然修图可以改善照片的外观，但是过度修饰可能会让照片失去真实感。因此，修图师需要在保持照片自然真实的基础上进行细微的调整，避免过度磨皮、过度拉伸等。

图6-5

任务实施

资源文件：学习资源>项目六>探索婚纱摄影人像修图的奥秘

婚纱摄影修图是一项需要专业技能和细心的工作，涉及多个关键步骤，旨在通过精细的调整和优化，让新人的婚纱照更加完美。在修图过程中，需要从细节入手，对人物形象、婚纱配饰和背景等进行全面处理。本任务修图前后的对比效果如图6-6所示。

图6-6

任务6.1 构图之美，神韵尽显：确定整体风格与二次构图

01 启动Photoshop，然后按快捷键Ctrl+O打开“学习资源>项目六>探索婚纱摄影人像修图的奥秘>素材文件>素材01.jpg”文件。按快捷键Ctrl++放大画面，仔细观察图像，并记录需要修改的问题，如图6-7所示。

图6-7

02 观察图像，可以看到图像有些曝光不足，并且色调偏黄。按快捷键Ctrl+J将“背景”图层复制一层，并将其转换为智能对象；然后执行“滤镜>Camera Raw滤镜”菜单命令或者按快捷键Shift+Ctrl+A，进入Camera Raw滤镜操作界面，设置“曝光”为+0.30，“色温”为－7，“色调”为+1，如图6-8所示。

图6-8

03 按C键选择“裁剪工具”，将画布向下扩展，如图6-9所示。使用“矩形选框工具”框选出人物的腿部，注意不要框选到手，如图6-10所示。按快捷键Ctrl+T打开定界框，然后按住Shift键并向下拖曳选区中的图像，将腿部拉长，如图6-11所示。

图6-9

图6-10

图6-11

04 使用“矩形选框工具”框选部分地面，如图6-12所示。按快捷键Ctrl+T打开定界框，然后按住Shift键并向下拖曳选区中的图像，如图6-13所示。

图6-12

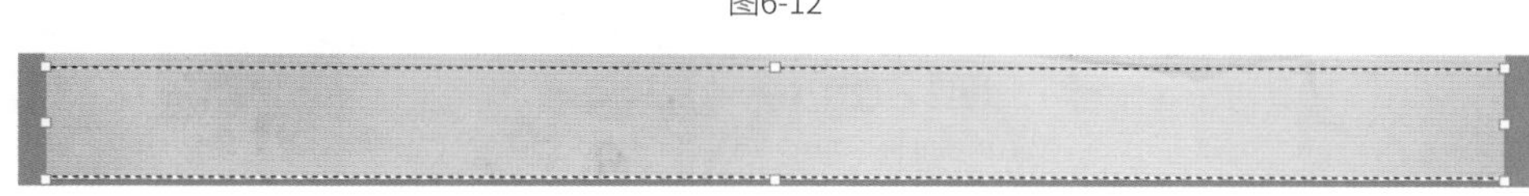

图6-13

05 使用“快速选择工具”选中婚纱的右侧，如图6-14所示，然后按快捷键Ctrl+J进行复制，按快捷键Ctrl+T打开定界框，将选区图像水平翻转并拖曳到婚纱的左侧，补齐婚纱的裙摆，如图6-15所示。

06 单击鼠标右键，在弹出的菜单中执行“变形”命令，对婚纱进行变形，如图6-16所示。确认操作后，添加图层蒙版，去掉婚纱多余的部分，如图6-17所示。

图6-14

图6-15

图6-16

图6-17

07 创建“曲线”调整图层并将其设置为婚纱左侧所在图层的剪贴蒙版，然后向上拖曳曲线，提亮裙摆的左下角区域，如图6-18所示。

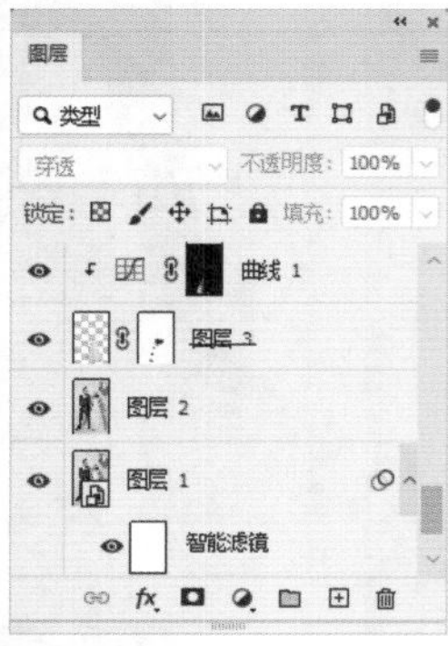

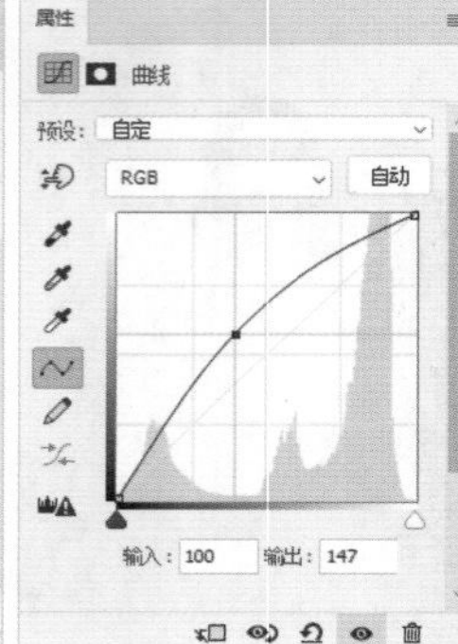

图6-18

任务6.2 修脏技术，焕然一新：精细处理瑕疵与污点

01 按快捷键Shift+Ctrl+Alt+E将所有可见图层盖印到一个新的图层中，然后使用“污点修复画笔工具”、“修复画笔工具”和“修补工具”修复人物面部的细纹和油光等，修复前后的对比效果如图6-19和图6-20所示。部分油光的修复效果不是很好，后续将用其他方式去除。

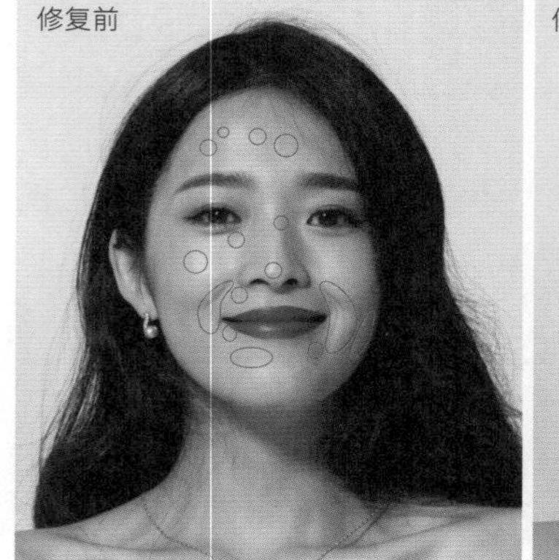

图6-19

图6-20

02 用同样的方法处理墙面和地面的污渍，修复时要仔细一些。修复前后的对比效果如图6-21和图6-22所示。

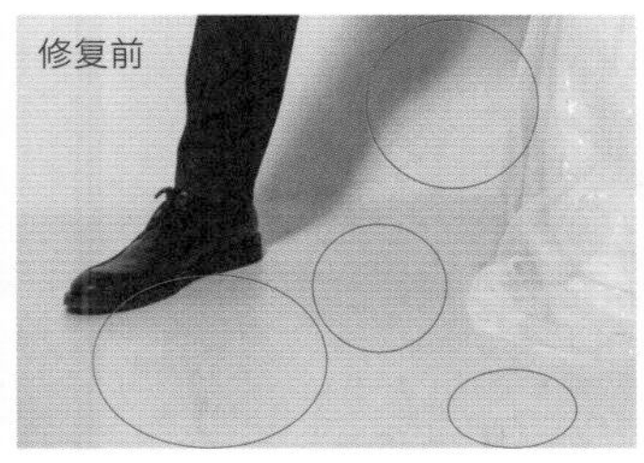

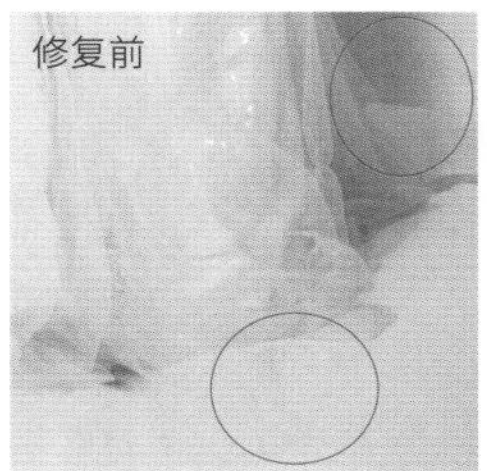

图6-21

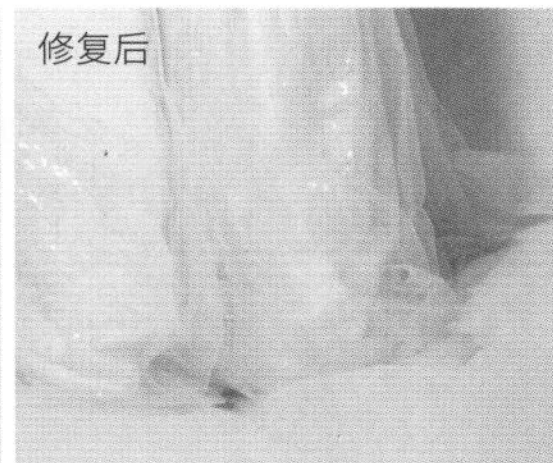

图6-22

03 人物的衣服不是很平整，可以使用修复类工具进行修复，修复前后的对比效果如图6-23和图6-24所示。

图6-23

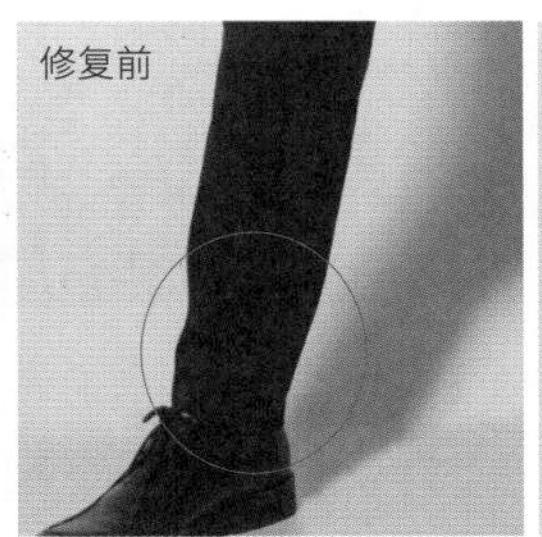

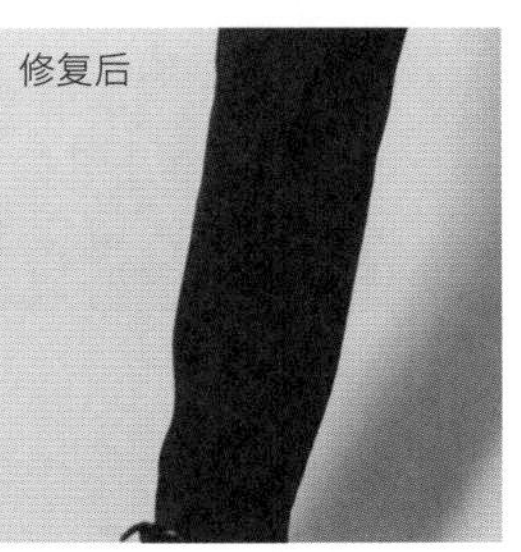

图6-24

提示

这一步主要处理比较大的褶皱，对于小的褶皱后续将使用高低频磨皮法进行处理。

04 选择“移除工具”，涂抹女性腋窝下方的碎发，以去除碎发，如图6-25所示。此时可以看到婚纱的边缘还有部分碎发，可以调小该工具的画笔大小，继续进行涂抹以去除碎发，如图6-26所示。用同样的方法去除女性右胳膊旁边的碎发，如图6-27所示。

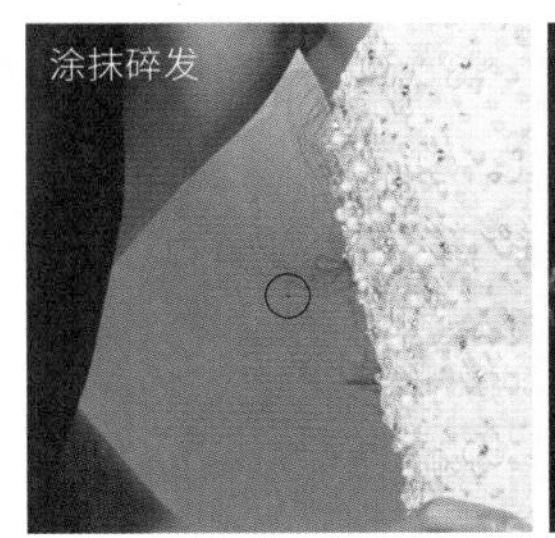

图6-25

图6-26

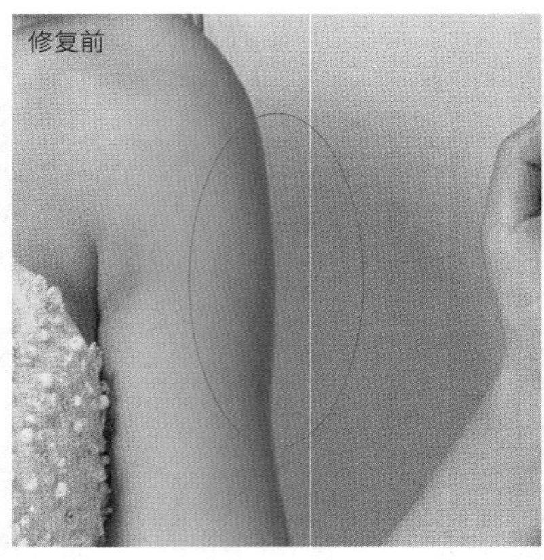

图6-27

05 仔细观察人物的面部，可以看到非常明显的高光区域，如图6-28所示。这种高光不利于进行后续的磨皮处理，所以要对这部分区域进行优化。在“通道”面板中选择对比最强烈的通道，这里选择“蓝”通道，如图6-29所示。将其拖曳至“创建新通道”按钮 上进行复制，得到“蓝 拷贝”通道，如图6-30所示。

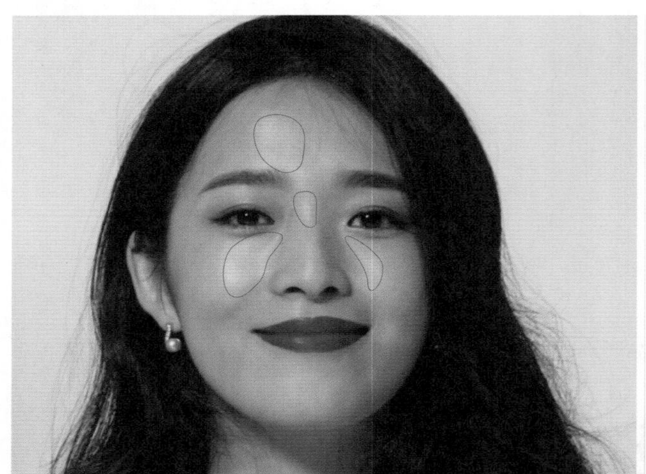

图6-28

图6-29

图6-30

知识点：通道的基础操作

执行“窗口>通道”菜单命令，打开“通道”面板，“通道”面板中有一个RGB复合通道和3个颜色通道（红、绿、蓝），这3个颜色通道分别记录了对应颜色的亮度信息，如图6-31所示。在默认状态下，Photoshop中的通道以黑、白、灰显示，即用灰度的方式来记录。为了更直观地观察通道，可以执行“编辑>首选项>界面”菜单命令，在弹出的对话框中勾选“用彩色显示通道”复选框，这样通道会以彩色的方式显示。从显示效果中可以看到，比较亮的区域是原本偏白的颜色，比较暗的区域是原本偏黑的颜色，如图6-32所示。

图6-31　　图6-32

在“通道”面板中可以创建、存储、编辑和管理通道，在面板菜单中可以执行“新建通道”“删除通道”“新建专色通道”等命令，如图6-33所示。

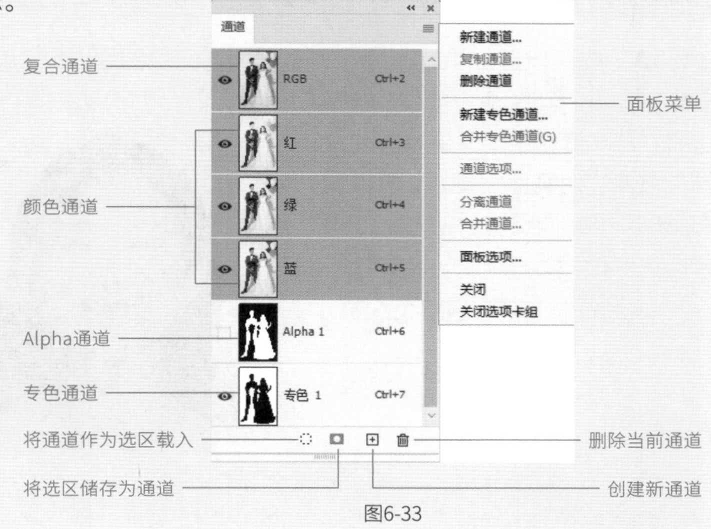

图6-33

06 按快捷键Ctrl+L打开“色阶”对话框，向中间拖曳阴影滑块和高光滑块，使人物面部的高光区域更明显，如图6-34所示。

07 单击RGB通道回到RGB图像，然后使用“椭圆选框工具”创建一个椭圆选区，如图6-35所示。按快捷键Ctrl+J复制选区中的图像，生成新的图层，修改图层名称为“女性脸部”。选择“女性脸部”图层，按住Ctrl键并单击“蓝 拷贝”通道的缩览图，得到高光区域的选区，如图6-36所示。按快捷键Ctrl+J复制选区中的图像，生成新的图层，修改图层名称为“女性脸部高光”。

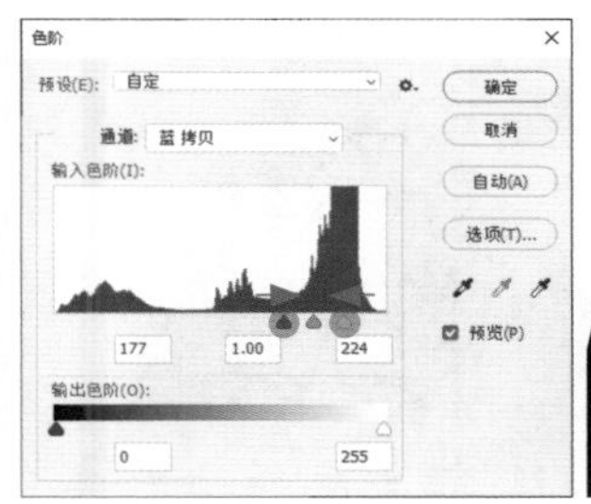

图6-34

图6-35

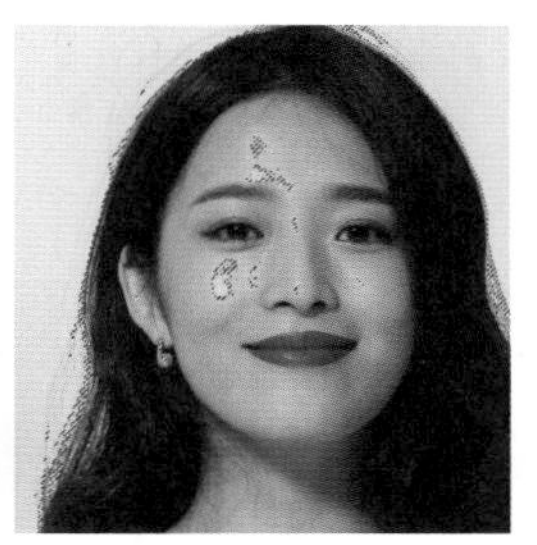

图6-36

08 创建“曲线”调整图层，然后按快捷键Alt+Ctrl+G将其设置为“女性脸部高光”图层的剪贴蒙版，如图6-37所示。在“属性”面板中将曲线向下拖曳，压暗高光，如图6-38所示。

09 用同样的方法处理男性脸部的高光，处理前后的对比效果如图6-39所示。

图6-37

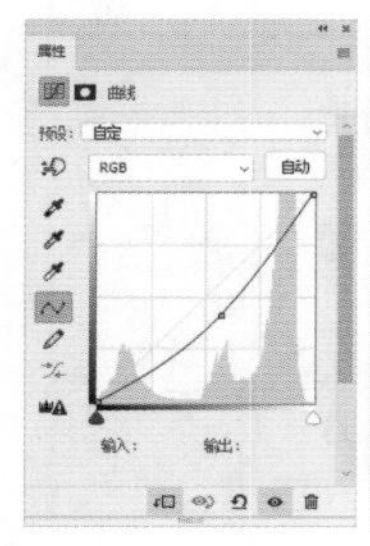

图6-38

图6-39

任务6.3 液化精雕，形态焕新：优化人物脸部轮廓与身材线条

01 按快捷键Shift+Ctrl+Alt+E盖印所有可见图层，并将该图层转换为智能对象，然后执行“滤镜>液化”菜单命令或按快捷键Shift+Ctrl+X，打开“液化”对话框。按快捷键Ctrl++放大画面，按W键选择“向前变形工具”，调整女性的发型，使其变得饱满，再微调右侧的嘴角，调整前后的对比效果如图6-40所示。

扫码看教学视频

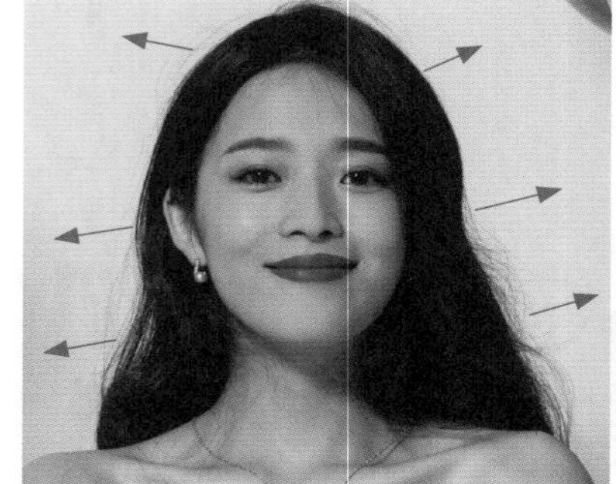

图6-40

02 在对话框右侧的“人脸识别液化”中设置“选择脸部”为“脸部#1”，然后调整女性人物的眼睛、鼻子、嘴唇和脸部形状，参数设置如图6-41所示。调整后的效果如图6-42所示。

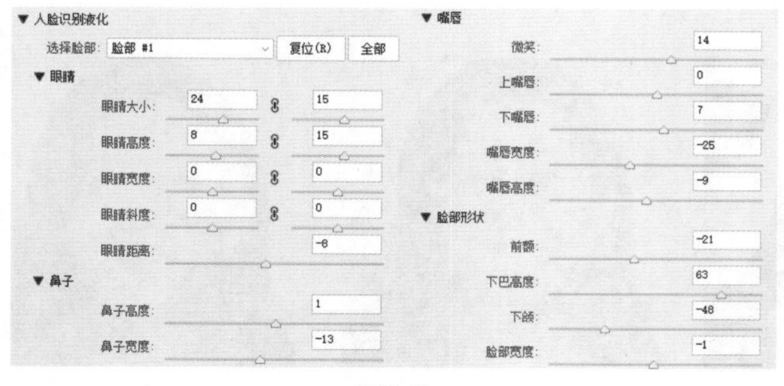
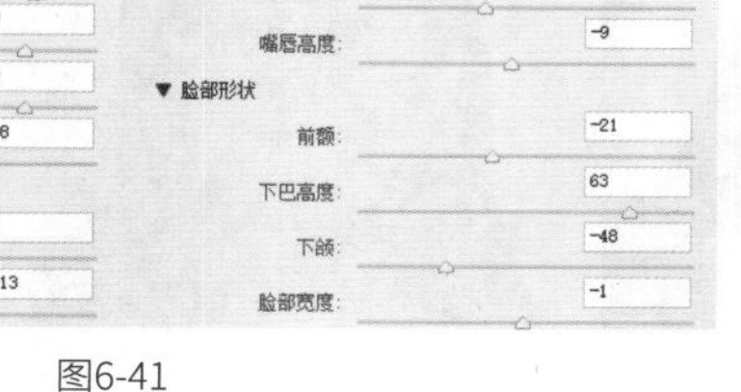

图6-41

图6-42

知识点："液化"滤镜

"液化"滤镜可以使图像"融化"。使用该滤镜不仅可以对图像进行推拉、旋转、扭曲和收缩等变形操作，还可以修饰人物的身材、面部，制作出多种艺术效果。执行"滤镜>液化"菜单命令或者按快捷键Shift+Ctrl+X，打开"液化"对话框，如图6-43所示。左侧为制作液化效果的工具；中间是预览液化效果的区域；右侧是"属性"面板，用于设置画笔类工具的参数和人脸识别液化的参数等。

图6-43

向前变形工具：常用的变形工具，在图像上按住鼠标左键并拖曳鼠标即可推动图像，变形的部位集中在画笔的中心。

重建工具：在变形区域单击或涂抹，可以将其恢复原状。

平滑工具：用于对变形区域进行平滑处理。

顺时针旋转扭曲工具：用于顺时针旋转图像。按住Alt键，可以逆时针旋转图像。

褶皱工具：用于使图像产生收缩效果。

膨胀工具：用于使图像产生膨胀效果。

左推工具：当按住鼠标左键并向上拖曳鼠标时，可以向左推动图像。当按住鼠标左键并向下拖曳鼠标时，可以向右推动图像。

冻结蒙版工具：用于绘制冻结区域，冻结区域将受到保护，不会发生变形。

解冻蒙版工具：使用该工具涂抹冻结区域，可以将其解冻。

脸部工具：用于调整人物的五官。

抓手工具：用于平移画面。

缩放工具：用于放大或缩小视图。

画笔工具选项：用于设置画笔的参数。"大小"选项用于控制画笔的大小；"密度"选项用于控制画笔边缘的羽化范围；"压力"选项用于控制画笔在图像上产生扭曲的速度；"速率"选项用于设置在按住鼠标左键时应用工具的速度。

03 选择"向前变形工具"，调整女性人物的手臂和腰身，接着使用"膨胀工具"单击人物的胸部，使其变得丰满一些，如图6-44所示。使用"平滑工具"涂抹衣服上的装饰，将其处理得更自然一些，如图6-45所示。用同样的方法处理裙子，如图6-46所示。

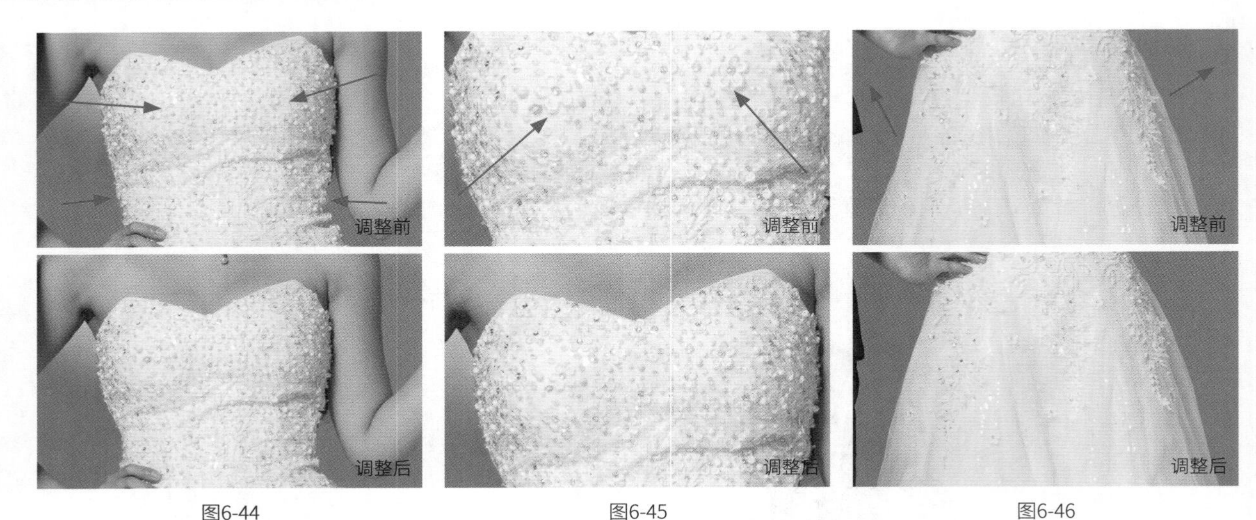

图6-44　　图6-45　　图6-46

04 在对话框右侧的“人脸识别液化”中设置“选择脸部”为“脸部 #2”，然后调整男性人物的眼睛、鼻子、嘴唇和脸部形状，参数设置如图6-47所示。调整前后的对比效果如图6-48所示。

05 选择“向前变形工具”，调整男性人物的肩膀、衣服边缘的褶皱，以及花枝的下方，接着用“平滑工具”涂抹衣服的边缘，将其处理得更自然一些，如图6-49和图6-50所示。液化完成后，按Enter键确认操作。

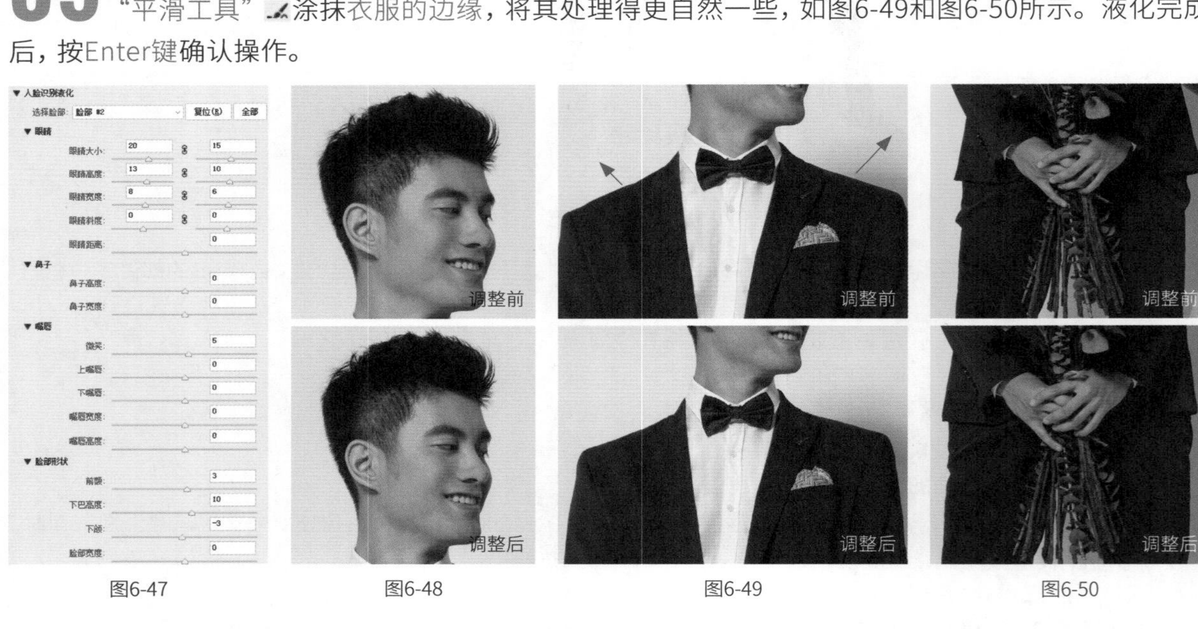

图6-47　　图6-48　　图6-49　　图6-50

任务6.4　肌肤如雪，光彩照人：进行磨皮与褶皱处理

01 按快捷键Shift+Ctrl+Alt+E将可见图层盖印到一个新图层中，然后将其命名为“低频”（该图层用来存储皮肤的颜色信息和光影信息），接着将“低频”图层复制一层并命名为“高频”（该图层用来存储皮肤的细节信息），将这两个图层编为一组并命名为“高低频”，如图6-51所示。

图6-51

02 隐藏“高频”图层，选择“低频”图层，执行“滤镜>模糊>高斯模糊”菜单命令，打开“高斯模糊”对话框，拖曳“半径”滑块，直至看不清面部细节为止，如图6-52所示。

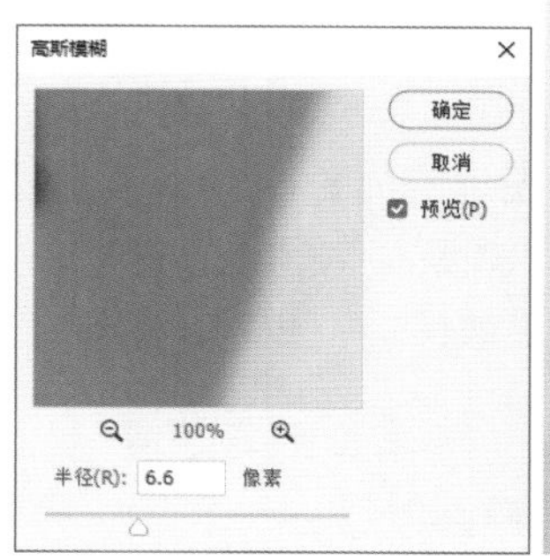

图6-52

03 取消隐藏并选择“高频”图层，执行“图像>应用图像”菜单命令，打开“应用图像”对话框；设置“图层”为“低频”，“混合”为“减去”，“不透明度”为100%，“缩放”为2，“补偿值”为128，制作出一张细节丰富的灰度图像，如图6-53所示。

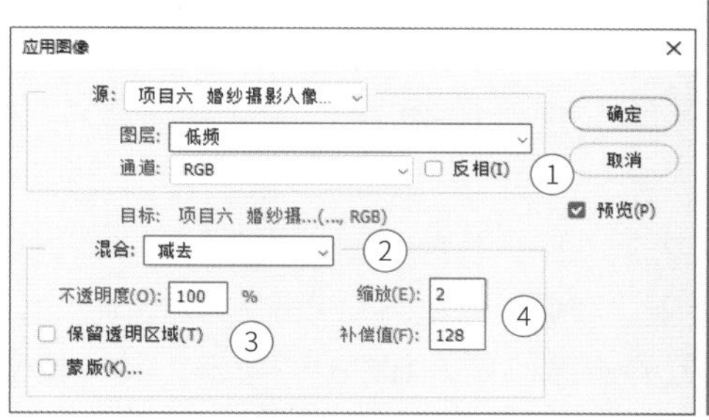

图6-53

04 设置“高频”图层的混合模式为“线性光”，使图像恢复到液化完成的效果，即图像没有发生任何变化，如图6-54所示。到此，高低频磨皮的准备工作完成。

图6-54

05 本任务使用的磨皮方法是高低频磨皮法，这个方法之所以深受影楼修图师的喜爱，是因为其除了磨皮效果出众，还可以改变图像的光影，让图像的光影效果更加自然。执行“图层>新建调整图层>黑白”菜单命令，创建“黑白”调整图层，使图像以黑白效果显示；然后创建“曲线”调整图层，在“属性”面板中将曲线调整成S形，增强黑白的对比，这样有利于观察图像的光影。将这两个调整图层编为一组，命名为“观察层”，如图6-55所示。在该组中观察光影的修正效果，如图6-56所示。

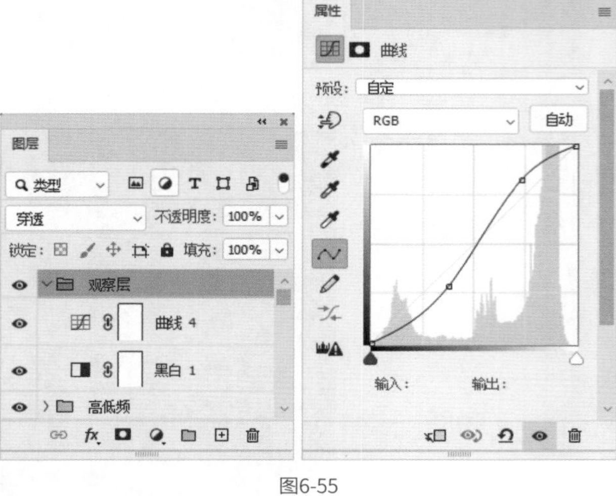

图6-55

图6-56

06 选择“低频”图层，然后选择“混合器画笔工具”，并在选项栏中取消激活“每次描边后载入画笔”按钮，设置“潮湿”为30%，“载入”“混合”“流量”为50%，如图6-57所示。按住Alt键并在光影不均匀的位置的边缘取样，如图6-58所示。将光影涂抹均匀，如图6-59所示。

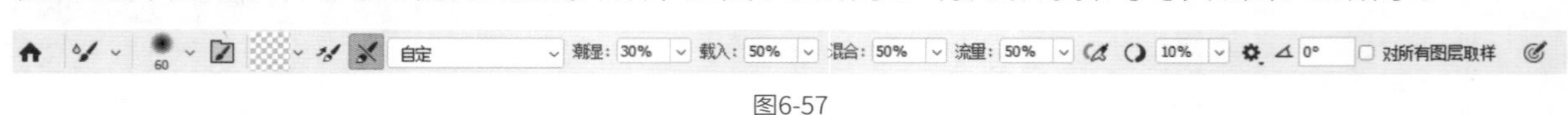

图6-57

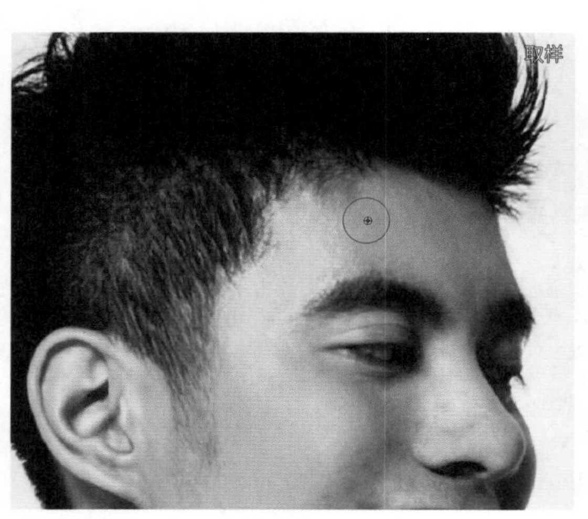

图6-58

图6-59

07 用同样的方法修正女性脸部的光影和两个人身上的光影，如图6-60~图6-62所示。

图6-60

图6-61

图6-62

08 隐藏“观察层”组，选择“高频”图层，将其混合模式调整为“正常”，该图层存储的是皮肤的细节信息，将其放大后可以看到人物的皮肤略显粗糙。使用“仿制图章工具”、“修复画笔工具”和“修补工具”修复皮肤上的瑕疵，修复前后的对比效果如图6-63~图6-65所示。

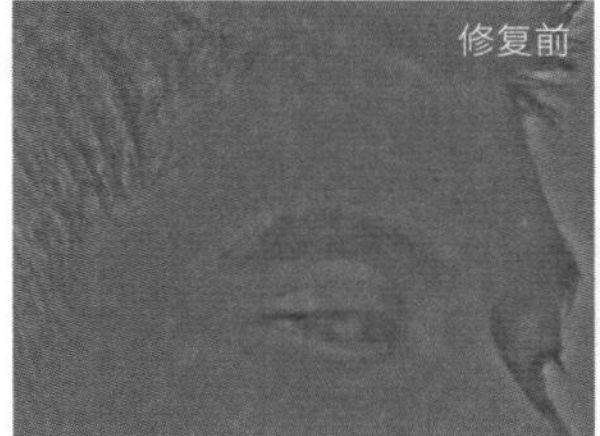

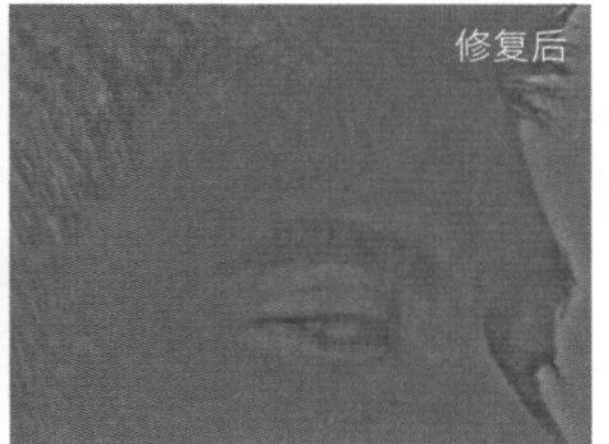

图6-63

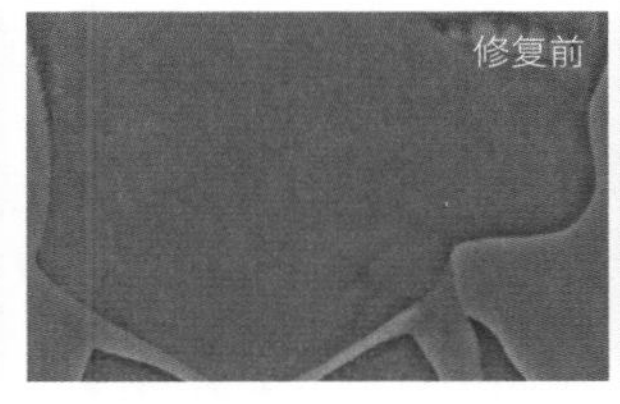

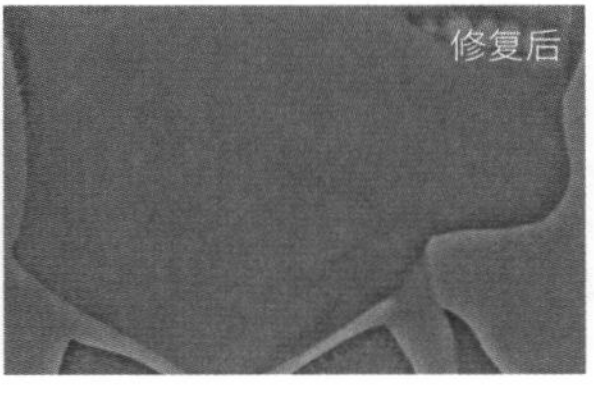

图6-64

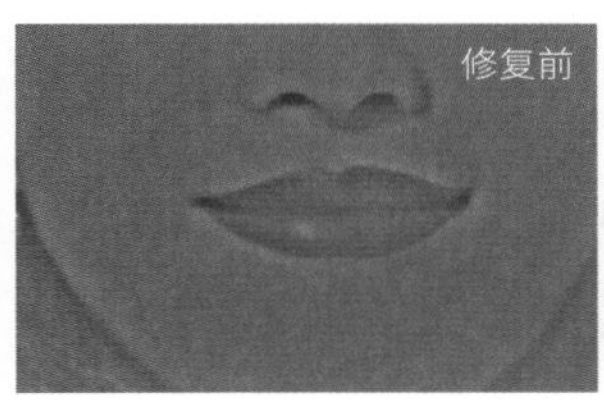

图6-65

提示

使用“仿制图章工具”（快捷键为S）可以复制局部图像，并将其粘贴到任意图层或其他文档中。使用该工具可以修复图像中的瑕疵或者复制图像。该工具的使用方法与“修复画笔工具”的使用方法相同，但是新生成的图像不会与原图像自动融合。在使用“仿制图章工具”之前，需要按住Alt键并单击图像进行取样。完成取样后松开Alt键，在需要修改的位置按住鼠标左键并拖曳鼠标。

09 用同样的方式修复其他区域的瑕疵及衣服上的褶皱，然后设置“高频”图层的混合模式为“线性光”，磨皮前后的对比效果如图6-66和图6-67所示。磨皮处理后的效果如图6-68所示。

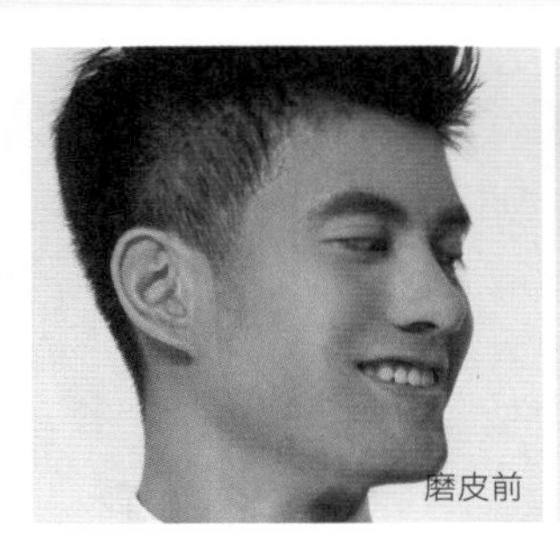

图6-66

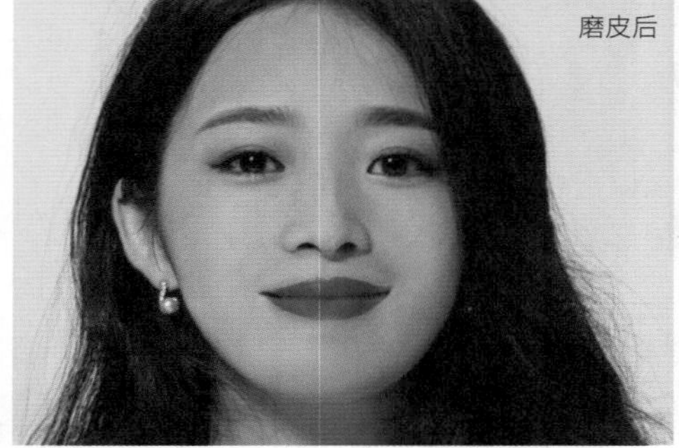

图6-67

图6-68

任务6.5 画境天成，美不胜收：完善细节并调整色调

扫码看教学视频

01 按快捷键Shift+Ctrl+Alt+E将可见图层盖印到一个新图层中，然后使用“快速选择工具”绘制出牙齿的选区，如图6-69所示。创建“曲线”调整图层，使该调整图层只针对牙齿区域进行调整。在“属性”面板中提亮该区域，再选择“蓝”通道，调整曲线，将牙齿变白一些，如图6-70所示。

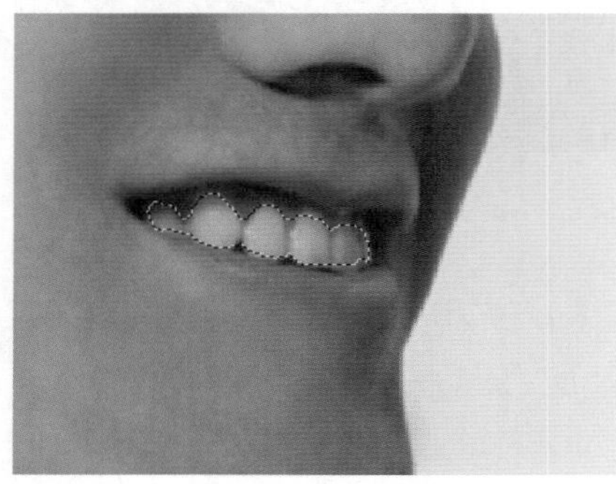

图6-69

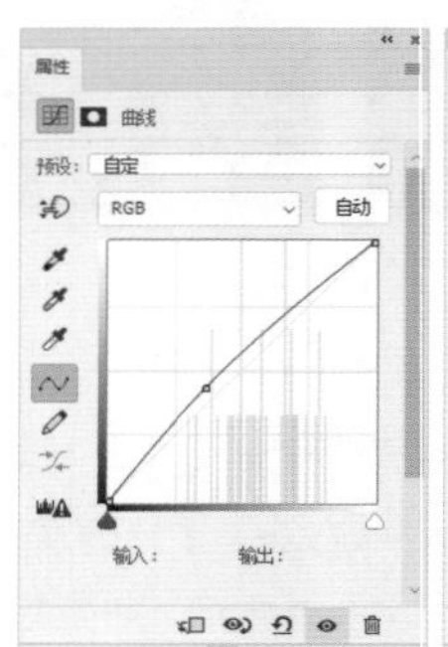

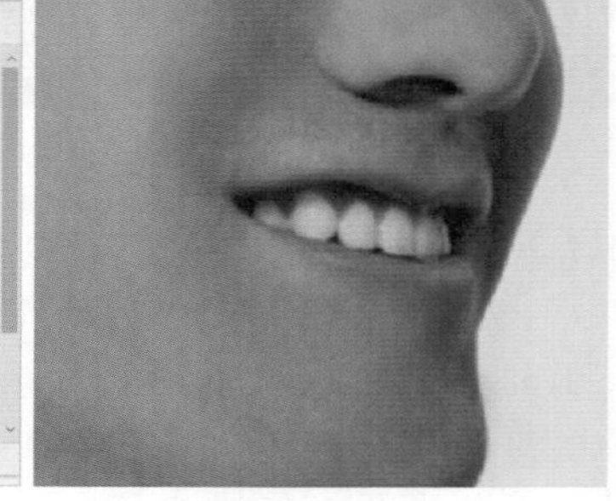

图6-70

02 按快捷键Shift+Ctrl+Alt+E将可见图层盖印到一个新图层中，然后使用“修补工具”修复花枝的破损区域，修复前后的对比效果如图6-71所示。放大图像并进行检查，查看哪里还有瑕疵，再次进行修复。

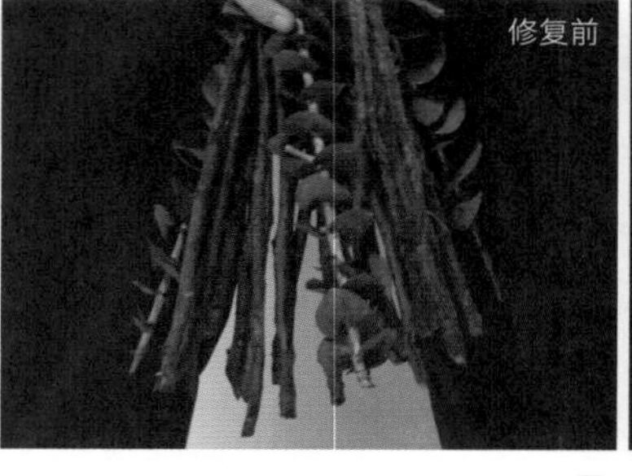

图6-71

03 按快捷键Ctrl+J复制图层，然后执行“滤镜>锐化>USM锐化”菜单命令，打开“USM锐化”对话框；设置“数量”为100%，“半径”为1.5像素，“阈值”为6色阶，如图6-72所示，使图像的细节更加清晰。放大图像并观察男性的领结，可以看到锐化前后的区别，如图6-73所示。

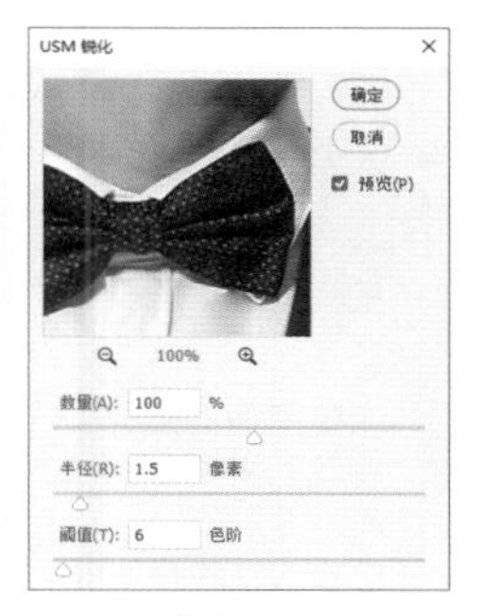

图6-72

图6-73

04 创建“色彩平衡”调整图层，在“属性”面板中将中间调和阴影调整为偏青、偏蓝，将高光调整为偏红、偏黄，参数设置如图6-74所示。调整后的效果如图6-75所示。

图6-74

图6-75

05 使用“快速选择工具”绘制出男性西服的选区，然后在“色彩平衡”调整图层的图层蒙版中填充黑色，使其恢复为原始颜色，如图6-76所示。

06 创建“曲线”调整图层，在“属性”面板中调整曲线，以增强画面的对比度，如图6-77所示。最终效果如图6-78所示。确认效果后，将其保存并导出为JPEG格式的图片。

图6-76

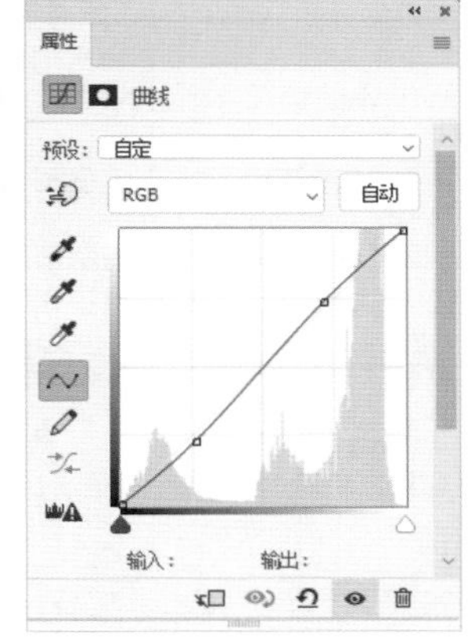

图6-77

图6-78

项目总结与评价

设计总结

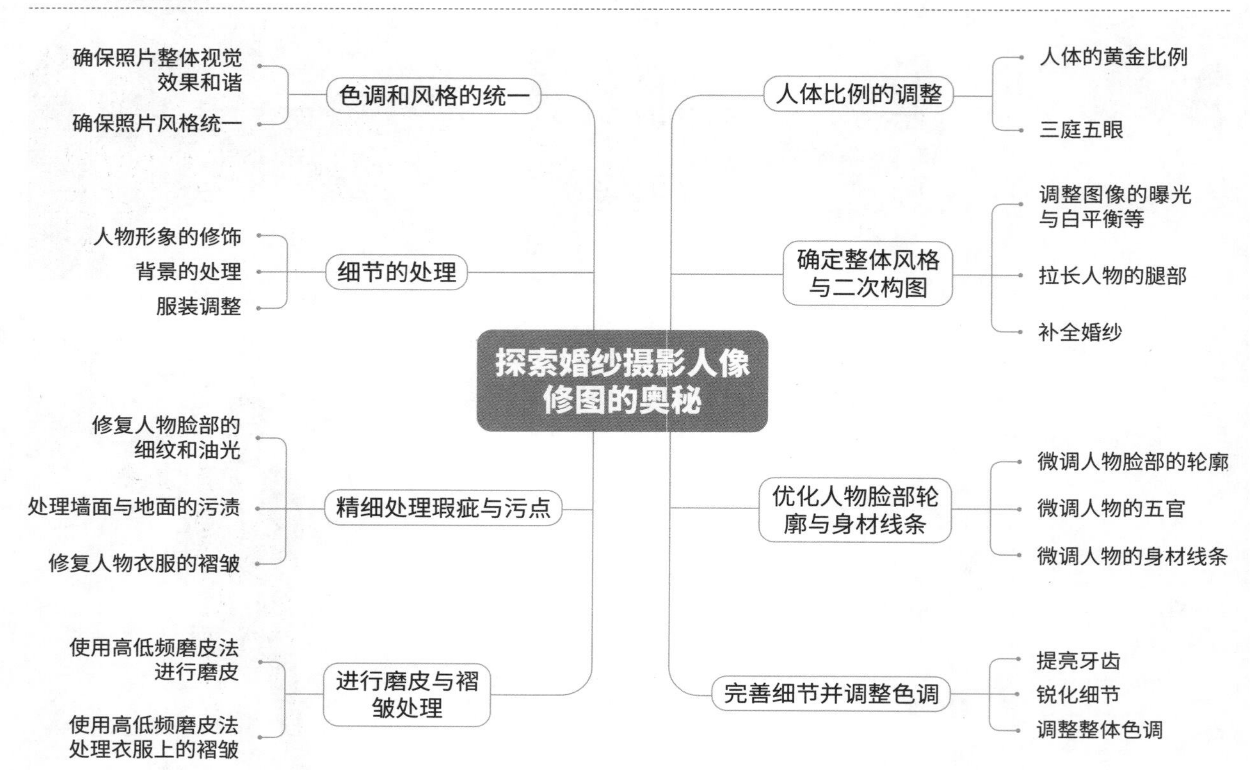

项目评价

评价内容	评价标准	分值	学生自评	小组评定
婚纱摄影修图的要求	能够叙述婚纱摄影修图的要求	2		
确定整体风格与二次构图	能够在 Photoshop 中按照指定路径打开素材	2		
	能够使用快捷键复制“背景”图层，并将其转换为智能对象	2		
	能够使用 Camera Raw 滤镜调整画面的曝光、色温、色调	5		
	能够使用“裁剪工具”向下扩展画布	2		
	能够使用“矩形选框工具”框选出人物的腿部，并使用“自由变换”命令将人物的腿部拉长	5		
	能够使用“快速选择工具”创建目标区域的选区，并进行复制	3		
	能够使用“自由变换”命令补齐婚纱的裙摆，并对其进行变形处理	5		
	能够通过“添加蒙版”去掉婚纱的多余区域，并使用“调整图层”去调整婚纱的亮度	5		

续表

评价内容	评价标准	分值	学生自评	小组评定
精细处理瑕疵与污点	能够使用快捷键将所有可见图层盖印到一个新的图层中	2		
	能够使用“污点修复画笔工具”“修复画笔工具”“修补工具”修复人物面部的细纹和油光等	5		
	能够使用“污点修复画笔工具”“修复画笔工具”“修补工具”修复墙面和地面的污渍	3		
	能够使用“移除工具”去除碎发	2		
	能够在“通道”面板中选择对比最强烈的通道，然后结合“色阶”命令使人物面部的高光区域更明显	3		
	能够使用“曲线”调整图层对人物面部高光明显的区域进行优化	3		
优化人物脸部轮廓与身材线条	能够使用“液化”滤镜中的“向前变形工具”调整人物的脸型、头发、手臂和腰身等	5		
	能够使用“液化”滤镜中的 “人脸识别液化”功能调整人物的眼睛、鼻子、嘴唇和脸部形状	3		
	能够使用“液化”滤镜中的“膨胀工具”调整人物的胸部	3		
	能够使用“液化”滤镜中的“平滑工具”将变形的衣服处理得更自然一些	3		
进行磨皮与褶皱处理	能够使用“高斯模糊”命令调整“低频”图层	3		
	能够使用“应用图像”命令调整“高频”图层	3		
	能够使用“黑白”命令将图像转换为黑白图像	2		
	能够使用“混合器画笔工具”将光影涂抹均匀	5		
	能够使用“仿制图章工具”“修复画笔工具”“修补工具”修复皮肤上的瑕疵及衣服的褶皱	5		
完善细节并调整色调	能够使用“快速选择工具”创建牙齿的选区，并使用“曲线”调整图层将牙齿变白一些	4		
	能够使用“USM 锐化”命令锐化图像，使图像的细节更加清晰	3		
	能够使用“色彩平衡”调整图层调整图像的色调	3		
	能够使用“快速选择工具”创建男性西服的选区，并使用调整图层的图层蒙版将其恢复为原始颜色	3		
	能够使用“曲线”调整图层增强画面的对比度	3		
文件归档	能够使用“导出为”命令导出JPEG格式的图像，并对制作的文件进行整理、输出	3		
综合得分		100		

拓展训练：电商模特人像精修

资源文件：学习资源>项目六>拓展训练：电商模特人像精修

某摄影工作室图像处理部门接到摄影部发来的某电商模特人像修饰的工作任务，现安排修图师在8小时内完成人像的修饰，修图前后的对比效果如图6-79所示。

扫码看教学视频

图6-79

设计要求

- 设计尺寸：保留原片尺寸。
- 分辨率：300像素/英寸。
- 颜色模式：RGB。
- 源文件格式：PSD。
- 预览图格式：JPEG。

步骤提示

① 启动Photoshop，打开素材并初步分析图像的问题。

② 调整图像的曝光与白平衡。

③ 调整人物头部的角度并对人物进行液化。

④ 调整图像的光影。

⑤ 调整细节并输出图像。

项目七

绿水青山，画中旅行

打造梦幻旅游App首页

项目介绍

情境描述

在信息化、数字化的时代浪潮中，旅游App已成为人们探索世界、规划旅程的得力助手。为了给用户带来更加便捷、愉悦的使用体验，旅游App首页的设计与制作显得尤为重要。某文旅互联网公司计划开发一款旅游App，要求首页简约而不失大气，凸显旅游特色且与公司形象契合。

首先了解App首页的功能设置、功能图标设计风格等相关信息。然后通过参考线设定、形状绘制、布尔运算、锚点调整、路径描边设置等技术手段完成App首页的制作。最后完成功能图标和App首页制作源文件的命名与文件的归档工作，确保所有文件都能有序、高效地管理和检索。

任务要求

根据任务的情境描述，要求在16小时内完成旅游App首页的制作任务。

① 在制作过程中，分析同类案例，制定工作方案，准确进行图标的绘制与App首页的制作，确保参数设置准确无误。

② 功能图标源文件的颜色模式为RGB，分辨率为72像素/英寸，图标尺寸为48像素×48像素。App首页源文件的颜色模式为RGB，分辨率为72像素/英寸，尺寸为750像素×1334像素（竖版）。

③ 根据工作时间节点和交付要求，对制作的文件进行整理、输出，并确保提交的文件符合客户要求。

- 一份PSD格式的图标制作源文件。
- 一份包含6个PNG格式图标的文件夹。
- 一份PSD格式的App首页制作源文件。
- 一份PNG格式的App首页制作展示文件。

学习技能目标

- 能够按照要求新建画板。
- 能够使用“矩形工具”创建正方形，并填充颜色。
- 能够使形状与画布水平、垂直居中对齐。
- 能够对多个图层进行编组。
- 能够使用快捷键复制画板。
- 能够使用“椭圆工具”创建圆形，并填充颜色。
- 能够使用“转换点工具”将平滑点转换为角点。
- 能够使用“直接选择工具”选择并移动锚点。
- 能够使用“椭圆工具”创建具有特定尺寸的圆形。
- 能够使用“直线工具”绘制“描边”为1像素的直线。
- 能够使用“矩形工具”创建具有特定尺寸的圆角矩形。
- 能够使用“三角形工具”创建三角形。
- 能够使用“添加描点工具”在路径中添加锚点。
- 能够使用快捷键删除锚点。
- 能够将圆角矩形顺时针旋转45°。
- 能够使用“新建参考线”命令创建参考线。
- 能够制作搜索栏。

- ◇ 能够设置图层的“不透明度”。
- ◇ 能够使用“横排文字工具”输入文字，并设置文字的字体和字号等参数。
- ◇ 能够制作产品模块。
- ◇ 能够为图层添加“内阴影”效果。
- ◇ 能够制作标签栏。
- ◇ 能够使用“导出为”命令导出JPEG格式的图像。

项目知识链接

UI是User Interface（用户界面）的缩写，UI设计通常指的是用户界面设计。其实，UI设计并不单指界面的视觉设计，而是指包含界面视觉、人机交互和操作逻辑的整体设计。我们日常所说的UI设计其实指的是GUI（Graphical User Interface，图形用户界面）设计，GUI设计师指的是从事手机移动端界面设计的人。从事PC（Personal Computer，个人计算机）端网页设计的人被称为WUI（Web User Interface）设计师或网页设计师。

目前手机移动端的两大操作系统是iOS和Android，它们都有一套属于自己的设计规范，包括界面尺寸规范、控件规范和字体规范等。本项目主要介绍的是使用Photoshop制作图标与界面的方法，以及一些简单的UI设计规范。

图标设计

图标（icon）是具有明确指代含义的图形，可以向用户传达一定的信息。从功能上可以将图标分为应用图标和功能图标两大类。应用图标指的是应用商店中的App图标；功能图标指的是具有表意功能，可替代文字来指导用户的操作的图标，常应用于界面的导航栏中，如图7-1所示。例如，放大镜图标代表搜索功能、耳机图标代表音乐功能、相机图标代表拍照功能等。

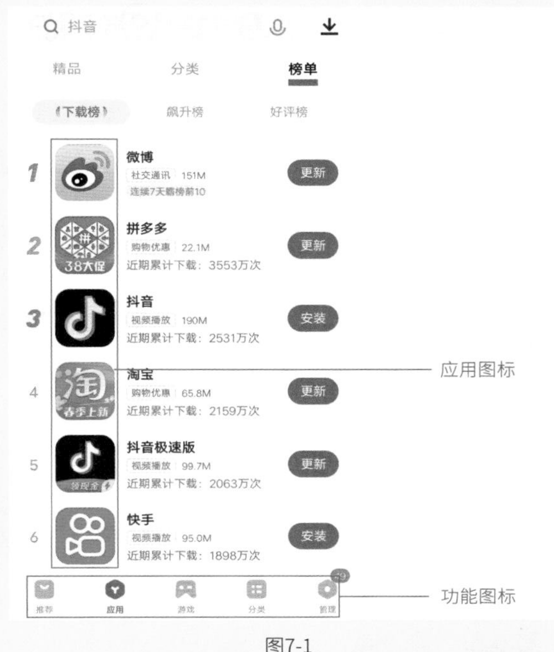

图7-1

应用图标的作用类似于品牌的Logo，设计风格多变，通常和品牌形象、用户需求和产品核心功能等相关。功能图标的作用类似于公共指示标志，是通用且符合大众认知的，可大致分为4种类型。

拟物图标：拟物图标也叫写实图标，可通过叠加图案，添加阴影、高光等图层样式模拟真实的物品质感，如图7-2所示。此类图标的优点是识别性很强，不过因为拟物图标过度在意表现物体的细节，容易使用户产生审美疲劳，而且需要花费大量时间来制作。在拟物图标转为扁平图标的过程中，慢慢地演化出一种轻拟物图标。此类图标不会过度表现物体的质感，保有自身的形态，如图7-3所示。

图7-2　　图7-3

扁平图标：扁平图标在设计上强调抽象、极简和符号化的概念，摒弃复杂的效果，以传达信息为设计的核心。扁平图标的设计风格简约而不单一，注重突出主体内容，如图7-4所示。

线性图标：线性图标主要由点、直线和曲线组成，此类图标的优点是易于识别，如图7-5所示。线性图标常用于界面底部的标签栏、导航栏等。近年来，出现了一种扁平线性设计风格，此类设计风格是指把线性图标与一定的颜色填充结合使用，使图标呈现出插画的质感，如图7-6所示。

图7-4　　图7-5　　图7-6

面性图标：面性图标采用剪影设计，由于填充面积较大，所以显得比较饱满，能够很好地吸引用户的注意力，如图7-7所示。不过，面性图标在页面中不宜过多出现，容易造成用户视觉疲劳。

在设计功能图标时，需要遵循一定的设计规范，这样才能设计出好看且专业的图标。功能图标设计的基础规范是表意准确，准确且清晰地向用户传达图标的作用是十分重要的。如果无法准确地传达图标的含义，可能给用户造成困惑。例如，图7-8所示的图标如果没有下方的文字信息，会让人难以理解图标的含义。因此，要想精准地向用户传达图标的含义，需要不断地收集图形，提高联想能力，在积累和学习中提高自己的设计能力。

图7-7　　图7-8

图标设计的统一性是非常重要的，一个App中的功能图标不是单独的个体，而是一个整体，其设计风格（如尺寸、线条粗细、圆角大小、留白宽度和色彩风格、倾斜角度和视觉重心等）要保持统一。很多初学者会认为在大小相同的正方形内绘制图标就能保证图标大小一致，但其实人眼是存在视差的。图7-9所示的3个图标是在大小相同的正方形内绘制的，但是其大小在视觉上给人的感受却是不一样的。在制作图标时，可以根据具体情况进行调整。严谨的图标设计可以参考图标的绘制规范，如图7-10所示。

图7-9

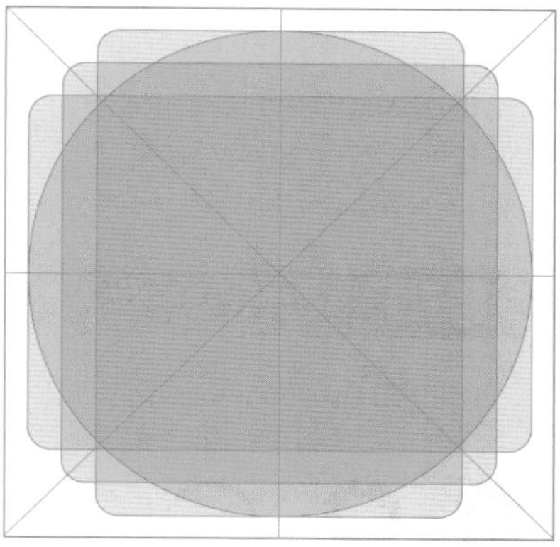

图7-10

界面设计

手机移动端的两大操作系统是iOS和Android。由于运行Android系统的手机品牌多，不同品牌手机界面设计的主题和交互方式不同；而iPhone虽然有很多型号，但是有较为统一的规范，因此通常选择iPhone 6的屏幕分辨率（750像素×1334像素）作为界面的输出尺寸，如图7-11所示。此外，界面中还有多种控件，如导航栏、搜索栏、标签栏、工具栏和提示框等，这些控件都有一定的设计规范。

扫码看教学视频

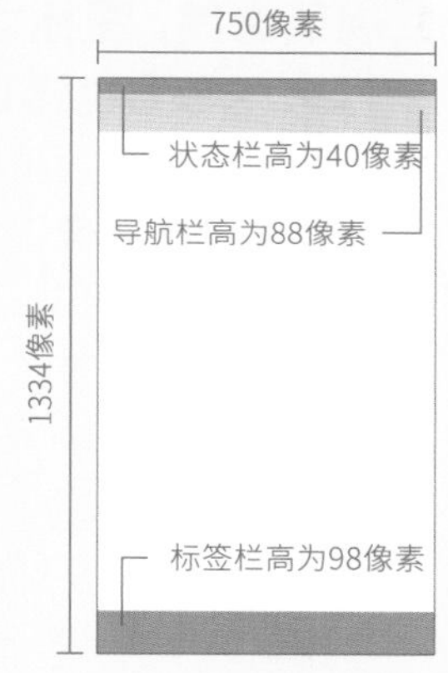

图7-11

提示

随着手机版本的更新迭代，有时也会选择iPhone 6S/7/8 Plus、iPhone X/XS及iPhone12/13/14的屏幕分辨率作为界面的输出尺寸，如图7-12~图7-14所示。

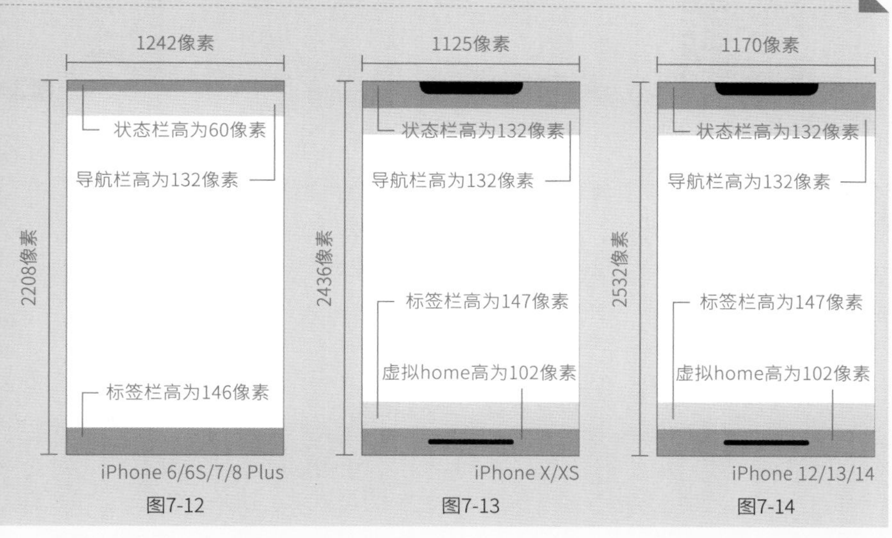

图7-12

图7-13

图7-14

任务实施

资源文件：学习资源>项目七>打造梦幻旅游App首页

旅游App中的图标设计应简洁明了，首页需具有搜索、推荐和个性化等功能，以提升用户体验和塑造专业、可信赖的品牌形象，为后续开发奠定坚实基础。

任务7.1 引领用户，游遍四方：精心设计功能图标

功能图标在App中是必不可少的，本项目制作的App首页中，共有6个功能图标，如图7-15所示。

图7-15

1.规范之美，图标之基：打造标准化的图标背景

01 按快捷键Ctrl+N打开“新建文档”对话框，双击“移动设备”选项卡中的“Mac图标48”模板，创建一个尺寸为48像素×48像素的画板，如图7-16所示。将其填充为（R:182，G:182，B:182），如图7-17所示。

扫码看教学视频

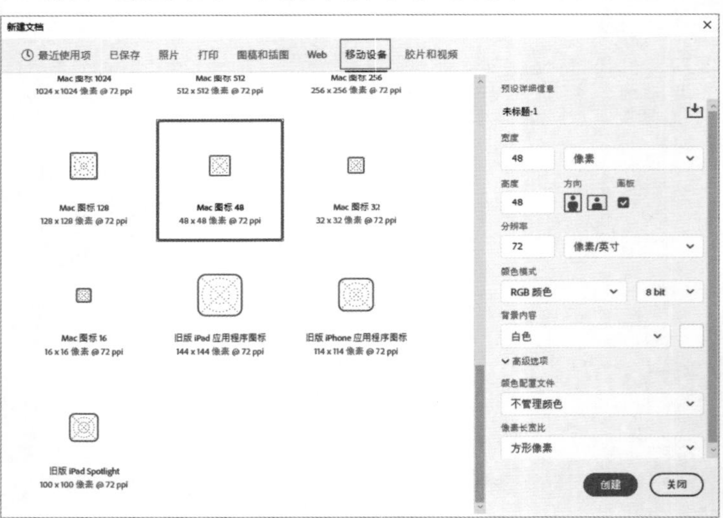

图7-16

图7-17

02 使用“矩形工具”创建一个尺寸为44像素×44像素的正方形，设置“填色”为白色，“描边”为无颜色，然后使其与画布水平、垂直居中对齐，如图7-18所示。

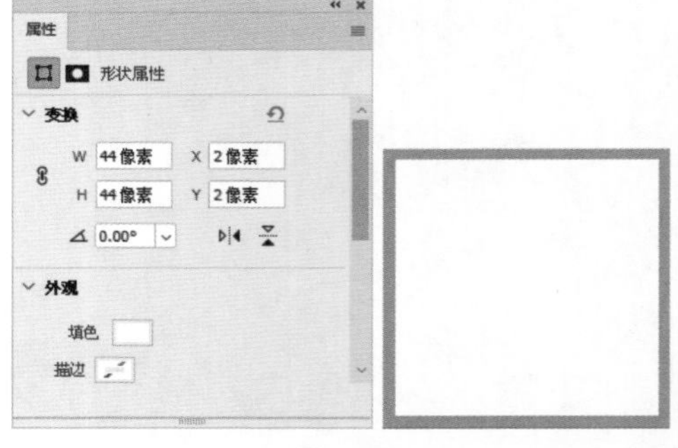

图7-18

03 使用“矩形工具”创建一个尺寸为40像素×40像素的正方形，设置“填色”为白色，“描边”为无颜色，然后使其与画布水平、垂直居中对齐，如图7-19所示。

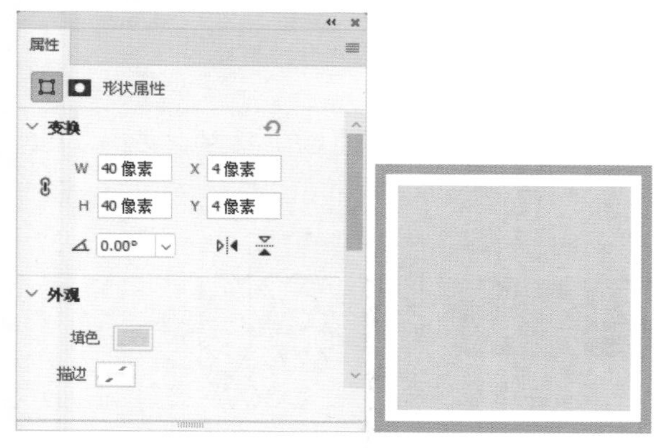

图7-19

04 将绘制的3个图层编组，并命名为“规范背景”，如图7-20所示。按快捷键Ctrl+J复制“画板1”，复制5份，并分别修改画板的名称，如图7-21所示。

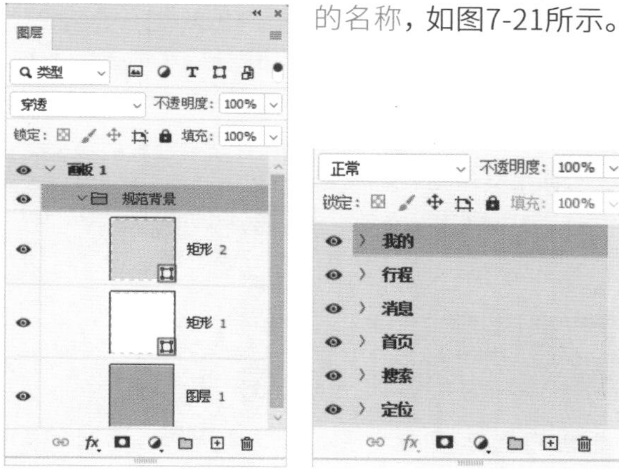

图7-20

图7-21

2.定位精准，方向明确：设计“定位”图标

01 选择“定位”画板，使用“椭圆工具”创建一个尺寸为32像素×32像素的圆形，绘制圆形时界面中会出现智能参考线，指示了水平居中对齐的位置。设置“填色”为黑色，“描边”为无颜色，如图7-22所示。

02 选择“转换点工具”，单击圆形下方的锚点，将其转换为角点，如图7-23所示。使用“直接选择工具”选中该锚点，然后按↓键向下移动锚点，将其移至图7-24所示的位置。

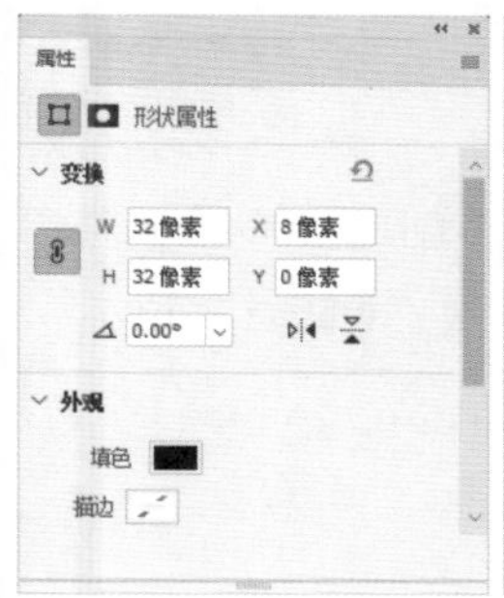

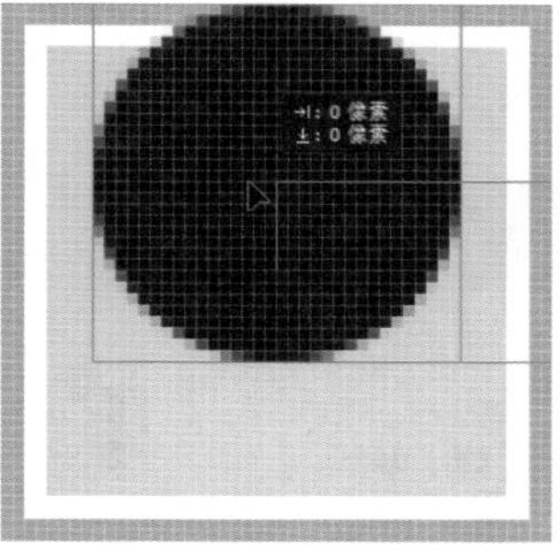

图7-22

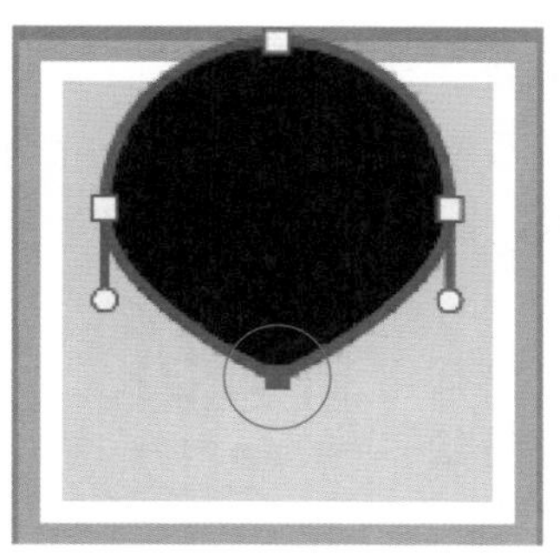

图7-23

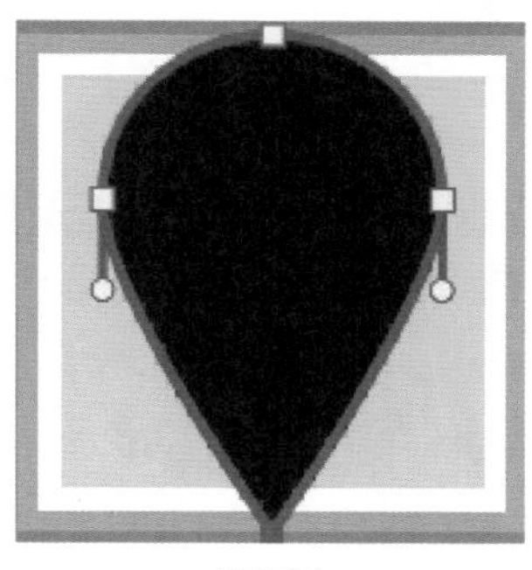

图7-24

03 选择“椭圆工具”，按住Alt键，当鼠标指针变为形状时单击，打开“创建椭圆”对话框，设置“宽度”和“高度”为16像素，如图7-25所示，单击“确定”按钮。使用“路径选择工具”将创建的圆形拖曳至图7-26所示的位置。图标绘制完成，隐藏“规范背景”图层组，效果如图7-27所示。

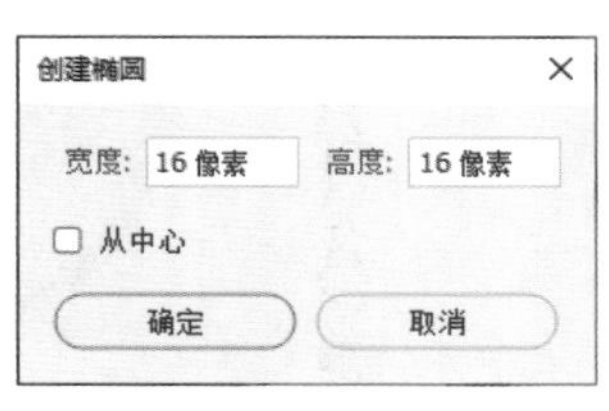

图7-25

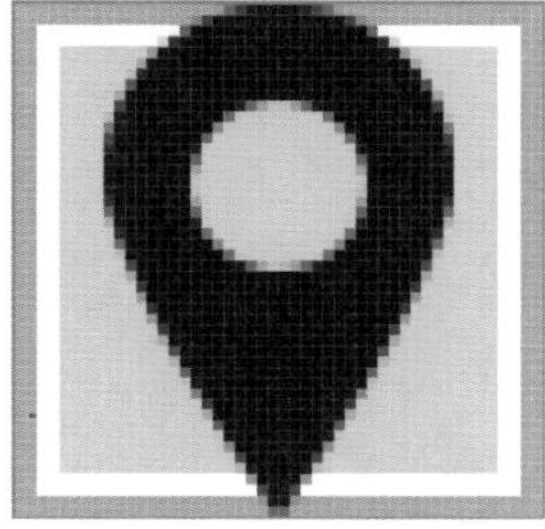

图7-26

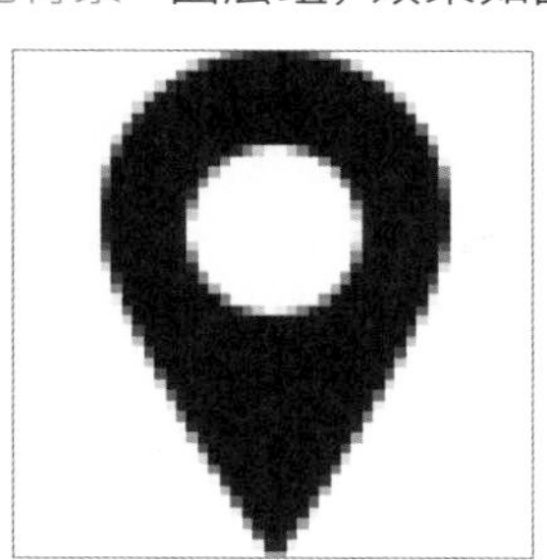

图7-27

知识点：路径的运算

路径运算的原理与选区类似，运算时至少需选择两个路径，单击选项栏中的按钮，在弹出的菜单中可以进行不同的运算，如图7-28所示。执行“合并形状”命令，新创建的形状将与已有形状合并，绘制时按住Shift键可得到同样的效果；执行“减去顶层形状”命令，将从已有的形状中减去新创建的形状，绘制时按住Alt键可得到同样的效果；执行“与形状区域相交”命令，将保留形状的相交区域，绘制时按住快捷键Shift+Alt可得到同样的效果；执行“排除重叠形状”命令，将保留形状未重叠的区域。

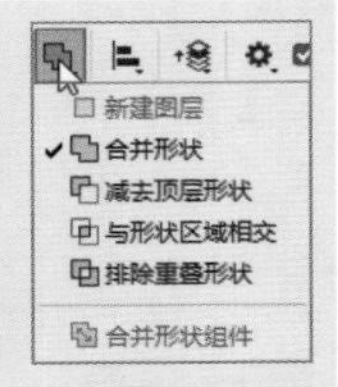

图7-28

使用形状类工具创建一个矩形（位于底层），然后创建一个雪花图形（位于顶层），使用不同的运算方式可以得到不同的效果，如图7-29所示。

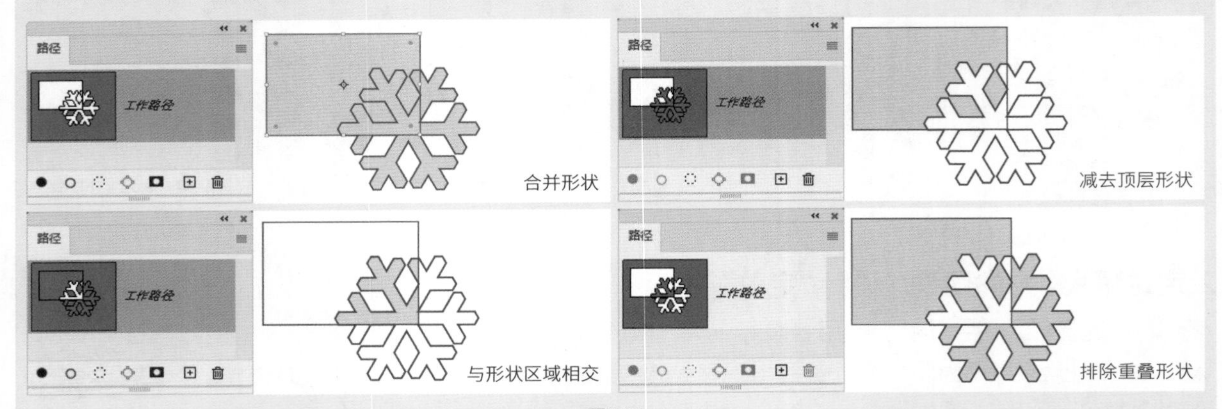

图7-29

路径和图层一样，也是按照创建的先后顺序依次堆叠的，不过路径的堆叠有两种情况，一是不同路径层中路径的堆叠，二是同一个路径层中多个路径的堆叠。在进行路径相减运算时，其运算方式为下层路径减去上层路径。因此，操作时需要调整图层顺序，单击选项栏中的按钮，在弹出的菜单中可以对其进行调整，如图7-30所示。

图7-30

3.搜索明灯，信息无限：制作“搜索”图标

扫码看教学视频

01 选择“搜索”画板，选择“椭圆工具”，设置绘图模式为“形状”，“填充”为无颜色，“描边”为2像素的黑色实线，如图7-31所示。在描边类型的下拉面板中设置“对齐”为内部，如图7-32所示。

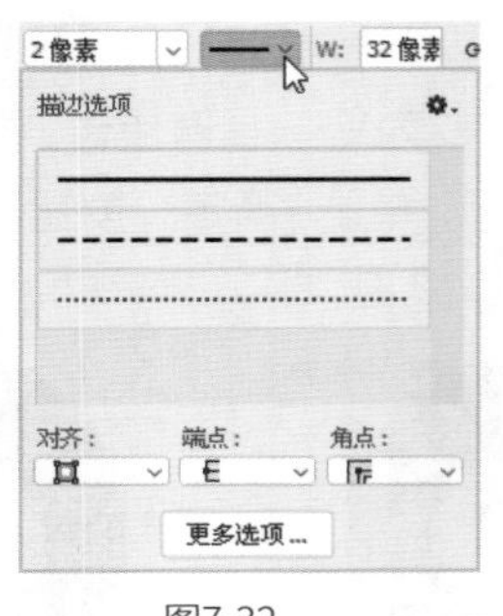

图7-31　图7-32

提示

在没有特别说明的情况下，后续创建其他矢量图形时均使用以上参数。

02 使用“椭圆工具”创建一个尺寸为40像素×40像素的圆形，如图7-33所示。

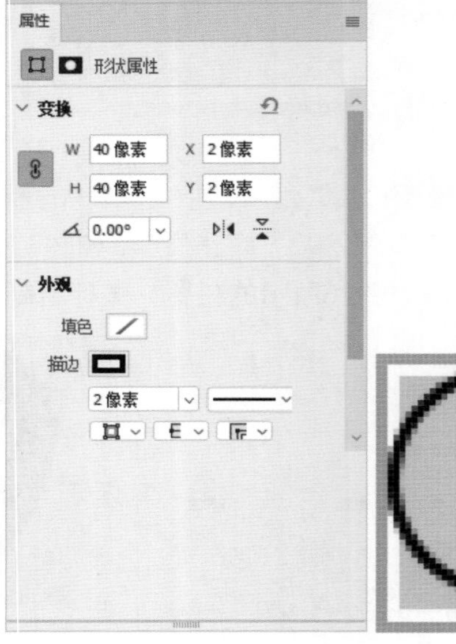

图7-33

03 使用“直线工具”⁄在右下角绘制一条直线段，并设置“描边”为1像素，“对齐”为居中，如图7-34所示。图标绘制完成，隐藏“规范背景”图层组，效果如图7-35所示。

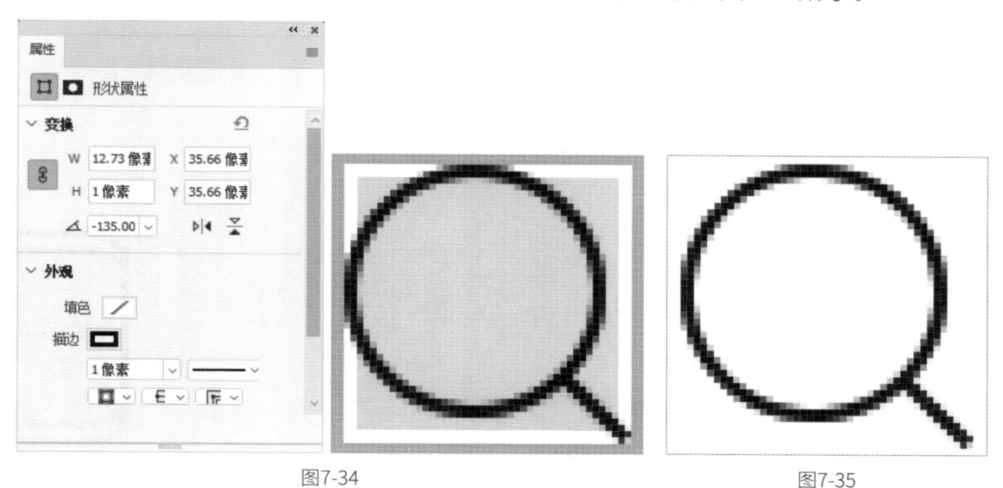

图7-34

图7-35

提示

图标绘制完成后，可以将组成图标的所有图层选中，然后将其转换为智能对象并进行命名，以便后续制作App首页时使用。

4.首页门户，功能齐全：构建“首页”图标

扫码看教学视频

01 选择“首页”画板，然后使用“矩形工具”▭创建一个尺寸为44像素×44像素，圆角半径为8像素的圆角矩形，如图7-36所示。

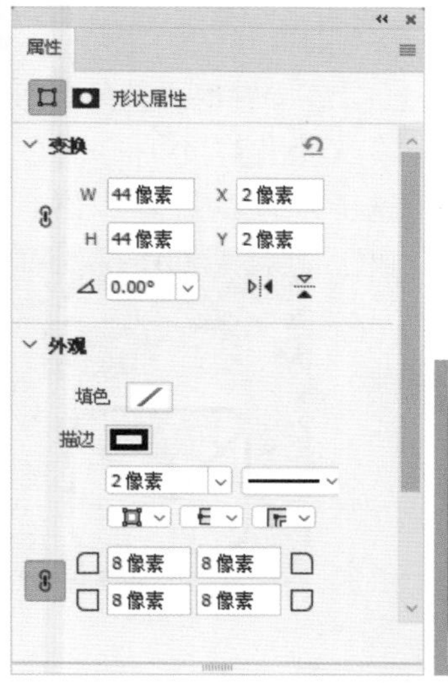

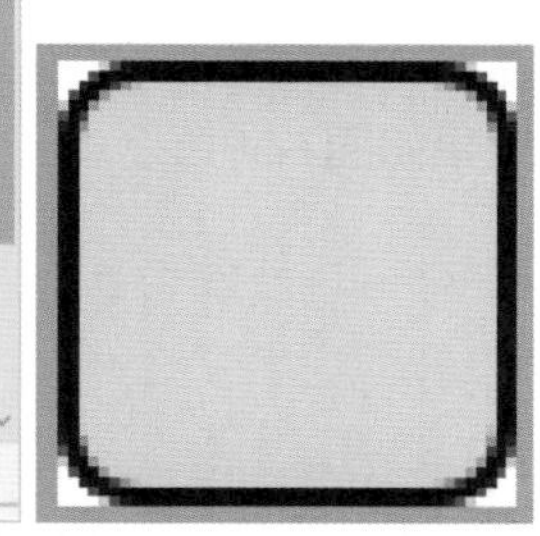

图7-36

02 选择“三角形工具”△并在画布中单击，创建一个“宽度”为48像素，“高度”为16像素的三角形，如图7-37所示。将三角形拖曳至图7-38所示的位置。

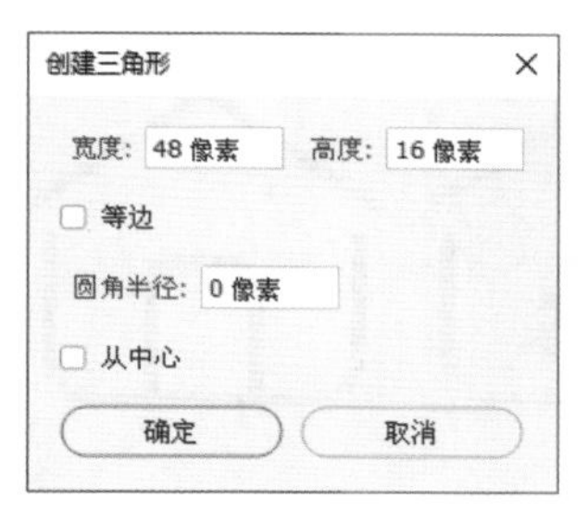

图7-37

图7-38

03 使用“添加锚点工具”✎在三角形路径中添加锚点，如图7-39所示。按Delete键删除该锚点，如图7-40所示。用同样的方法添加并删除圆角矩形路径中的锚点，如图7-41所示。

图7-39

图7-40

图7-41

04 使用“矩形工具”创建一个尺寸为16像素×30像素，圆角半径为5像素的圆角矩形，如图7-42所示。使用“添加锚点工具”在圆角矩形上添加锚点，然后使用“直接选择工具”框选下方的锚点并按Delete键将其删除，如图7-43所示。图标绘制完成，隐藏“规范背景”图层组，效果如图7-44所示。

图7-42

图7-43　　图7-44

5.消息传递，实时掌握：设计“消息”图标

扫码看教学视频

01 选择“消息”画板，然后使用“矩形工具”创建一个尺寸为48像素×40像素，圆角半径为8像素的圆角矩形，如图7-45所示。

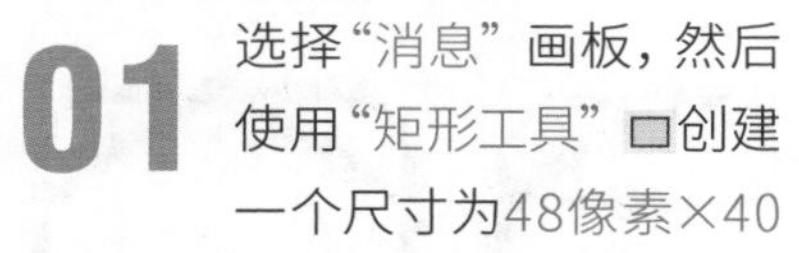
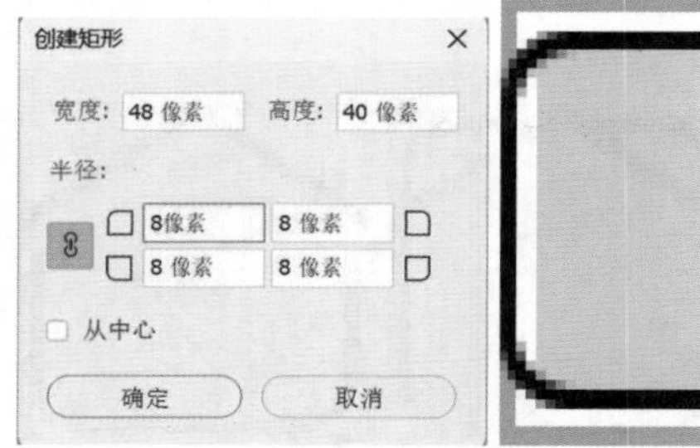

图7-45

02 使用“矩形工具”创建一个尺寸为48像素×48像素，圆角半径为8像素的圆角矩形，如图7-46所示。按快捷键Ctrl+T打开定界框，然后按住Shift键将圆角矩形顺时针旋转45°，如图7-47所示。

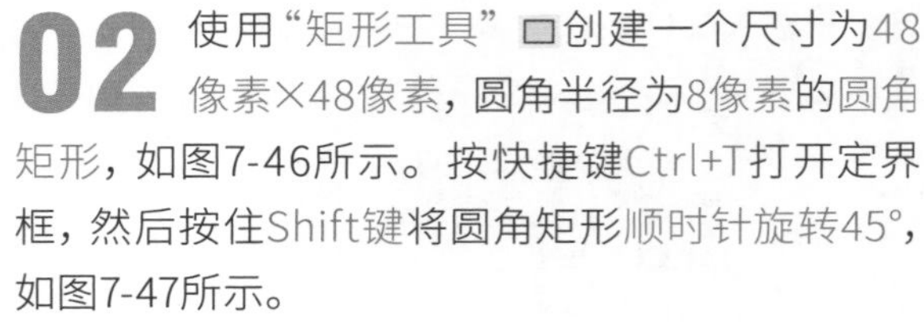
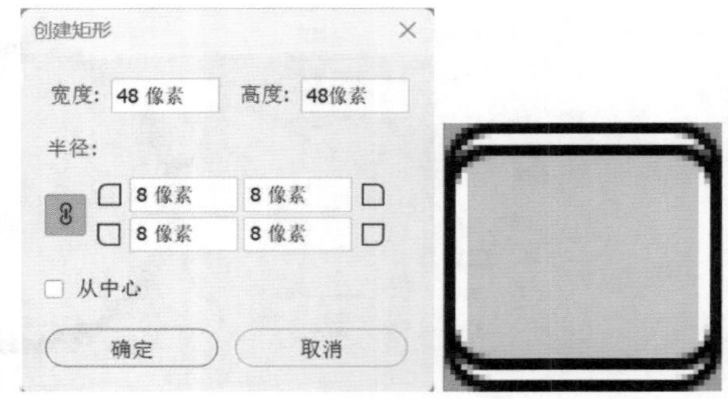

图7-46

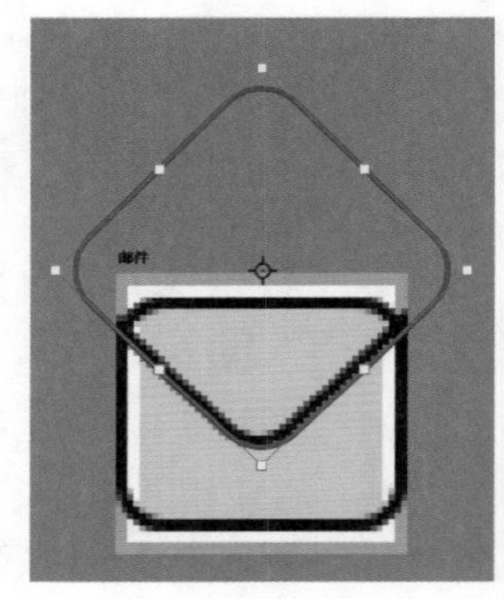

图7-47

03 使用“添加锚点工具”在两个圆角矩形的交点处添加锚点，如图7-48所示。使用“直接选择工具”框选上方的多余锚点，然后按Delete键将其删除，如图7-49所示。图标绘制完成，隐藏“规范背景”图层组，效果如图7-50所示。

图7-48

图7-49　　图7-50

6.行程顺畅，一路平安：制作“行程”图标

扫码看教学视频

01 选择“行程”画板，然后使用“矩形工具”创建一个尺寸为48像素×34像素，圆角半径为8像素的圆角矩形，如图7-51所示。

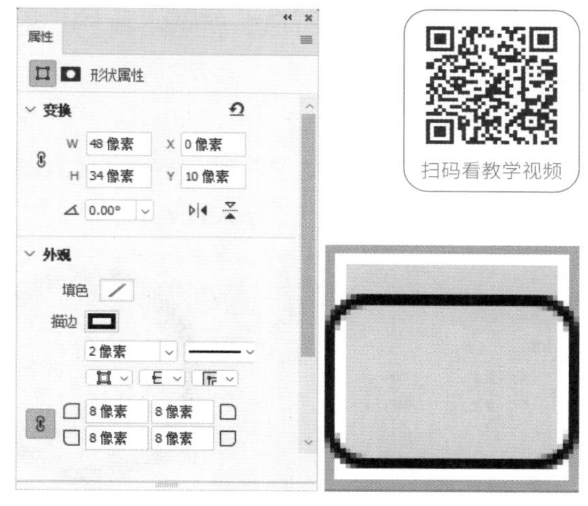

图7-51

02 使用“矩形工具”创建一个尺寸为20像素×16像素，圆角半径为5像素的圆角矩形，如图7-52所示。使用“添加锚点工具”在两个圆角矩形的交点处添加锚点，接着使用“直接选择工具”框选下方的锚点并按Delete键将其删除，如图7-53所示。

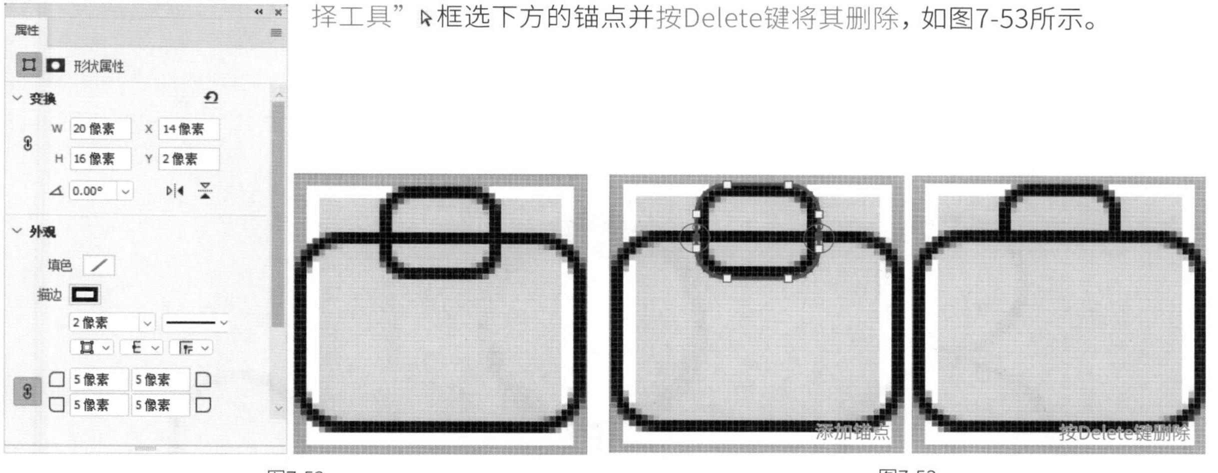

图7-52 图7-53

03 使用“直线工具”在圆角矩形内绘制两条直线段，并设置“描边”为1像素，“对齐”为居中，如图7-54所示。图标绘制完成，隐藏“规范背景”图层组，效果如图7-55所示。

图7-54 图7-55

7.个性设置，随心所欲：构建“我的”图标

01 选择“我的”画板，使用“椭圆工具” 创建一个26像素×26像素的圆形，如图7-56所示。

02 使用“椭圆工具” 创建一个40像素×40像素的圆形，并将其置于步骤01创建的圆形的下方，如图7-57所示。

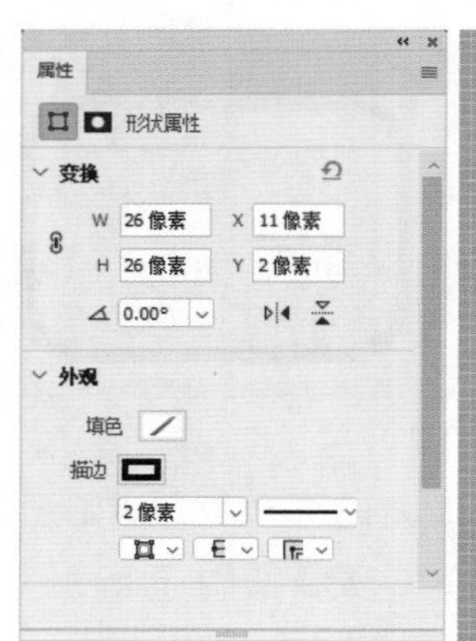

图7-56

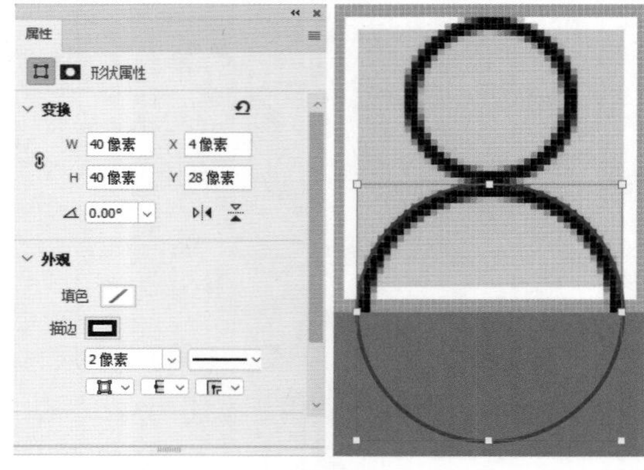

图7-57

03 使用“添加锚点工具” 在下方圆形和白色矩形的交点处添加锚点，接着使用“直接选择工具” 框选下方的锚点并按Delete键将其删除，如图7-58所示。图标绘制完成，隐藏“规范背景”图层组，效果如图7-59所示。

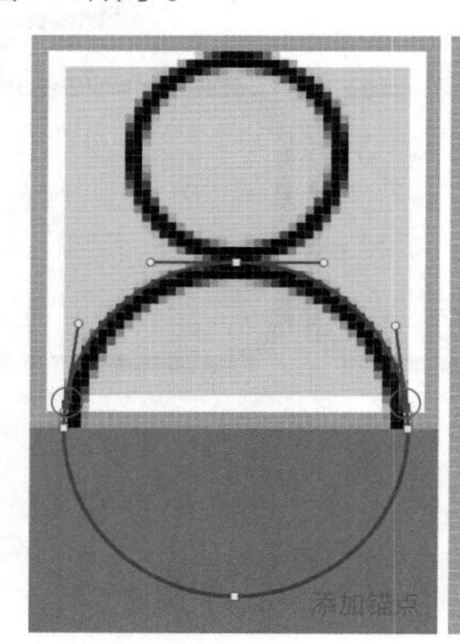

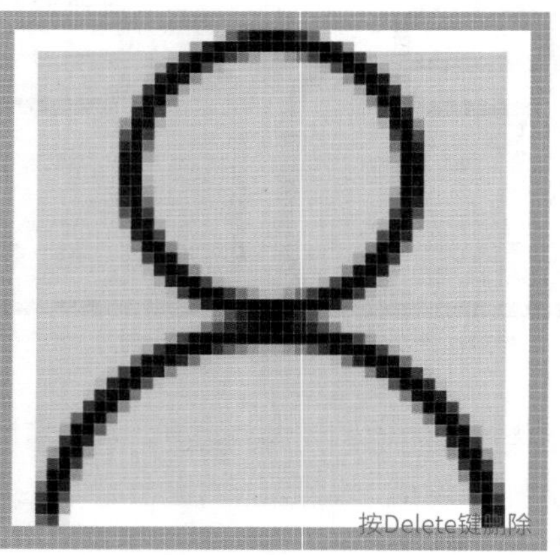

图7-58

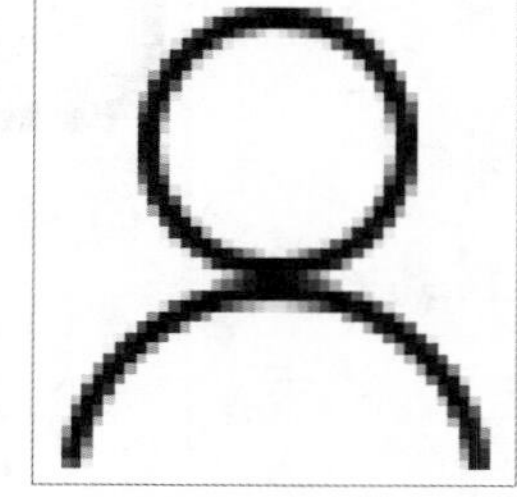

图7-59

提示

画板的背景颜色默认为白色，如果要导出透明背景的图像，可以选中需要导出的画板，然后在“属性”面板中设置“画板背景颜色”为“透明”，如图7-60所示。

图7-60

任务7.2 匠心独运，首页生辉：制作吸引人的App首页

旅游App首页应简洁明了，避免信息过载，同时突出旅游特色，展示吸引人的图片和描述。清晰的导航和搜索功能是制作旅游App首页的关键，便于用户快速找到所需信息，如图7-61所示。

图7-61

1.信息海洋，一触即达：设计搜索栏与轮播图

01 按快捷键Ctrl+N打开“新建文档”对话框，双击“移动设备”选项卡中的iPhone 8/7/6模板，创建一个尺寸为750像素×1334像素的画板，如图7-62所示。

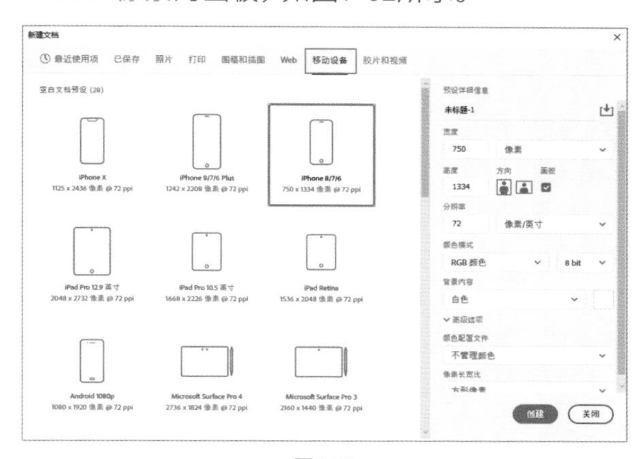

图7-62

> **提示**
>
> 一般使用画板来制作App界面。在一个文档窗口中创建多个画板，便于同时制作多个界面，从而保证界面的统一。

02 执行“视图>参考线>新建参考线”菜单命令，按照图7-63所示的数值创建参考线。

03 使用“矩形工具”创建一个尺寸为750像素×420像素的矩形，并将其置于界面上方，如图7-64所示。打开“学习资源>项目七>打造梦幻旅游App首页>素材文件>素材02.jpg”文件并将其拖曳至画布中，创建为矩形的剪贴蒙版，如图7-65所示。

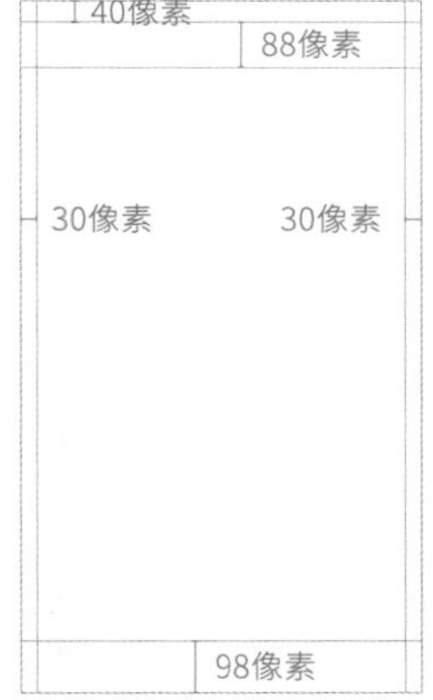

图7-63

图7-64

图7-65

04 打开“素材01.psd”文件，然后将“状态栏”图层拖曳至图7-66所示的位置。

图7-66

知识点：确定状态栏中图标位置的方法

按快捷键Ctrl+A将画布全选，然后选择“状态栏”图层，选择“移动工具”并单击选项栏中的“水平居中对齐”按钮，即可使“状态栏”图层与画布水平居中对齐。选择“矩形选框工具”，然后创建一个和状态栏高度相等的选区，如图7-67所示。选择“状态栏”图层，再选择“移动工具”，单击选项栏中的“垂直居中对齐”按钮，即可使状态栏中的图标整体处于垂直居中状态。

图7-67

05 创建一个尺寸为540像素×56像素，圆角半径为28像素的圆角矩形，作为搜索栏，设置“不透明度”为40%，如图7-68所示。将之前绘制的“搜索”图标拖曳到画布中，等比缩小并叠加为白色，然后为其添加1像素的描边，使用“横排文字工具”T在图标右侧输入文字，文字的字体是“思源黑体 CN”，字体大小是26点，如图7-69所示。

图7-68

图7-69

06 将之前绘制的“定位”图标拖曳到画布中，等比缩小并叠加为白色，在图标右侧输入文字，文字的字体是“思源黑体 CN”，字体大小是32点，如图7-70所示。

图7-70

07 在轮播图下方输入文字，文字的字体是“思源黑体 CN”，字体大小是34点。使用“椭圆工具”创建两个14像素×14像素的圆形，接着使用“矩形工具”创建一个尺寸为28像素×14像素，圆角半径为7像素的圆角矩形（注意保持它们之间的距离相等），改变圆形的“不透明度”，用于指示轮播图所在位置，如图7-71所示。

图7-71

2.产品模块，布局巧妙：展示多样的产品模块

01 在距离轮播图下方30像素的位置创建参考线，然后输入标题文字，文字的字体是“思源黑体 CN”，字体大小是28点，文字的颜色是（R:39，G:39，B:39）。在距离标题文字下方20像素的位置创建参考线，使用“矩形工具”创建一个尺寸为298像素×200像素，圆角半径为14像素的圆角矩形，如图7-72所示。

图7-72

02 在圆角矩形下方输入文字，文字的参数设置如图7-73所示。将文字和圆角矩形编组，然后复制两组并修改文字，排版后的效果如图7-74所示。

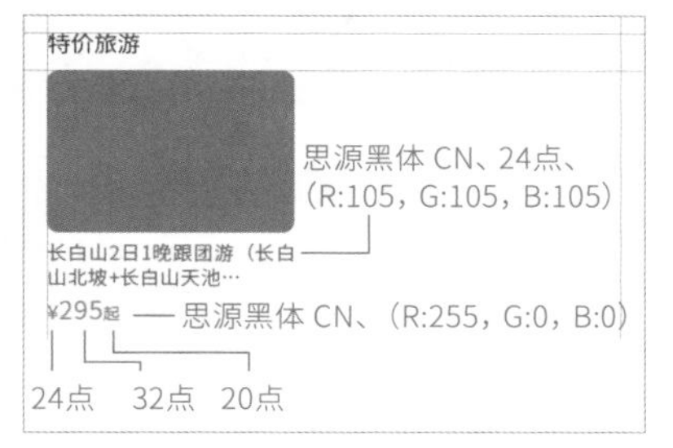

图7-73

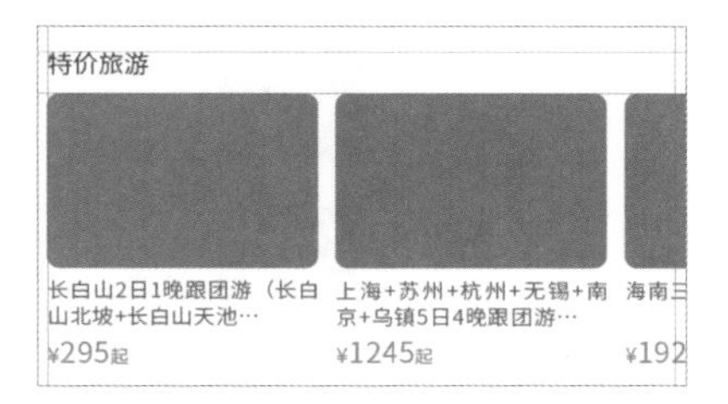

图7-74

03 将“素材03.jpg”“素材04.jpg”“素材05.jpg”文件拖曳至画布中，并创建为圆角矩形的剪贴蒙版。使用“直线工具”在距离文字下方30像素的位置绘制一条直线段，设置“描边”为14像素，描边颜色为（R:235，G:235，B:235），如图7-75所示。

图7-75

04 在直线段下方30像素的位置创建参考线，然后输入标题文字，文字的字体是“思源黑体 CN”，字体大小是28点，文字的颜色是（R:39，G:39，B:39）。在距离标题文字下方20像素的位置创建参考线，使用“矩形工具”创建一个尺寸为160像素×146像素，圆角半径为6像素的圆角矩形，如图7-76所示。

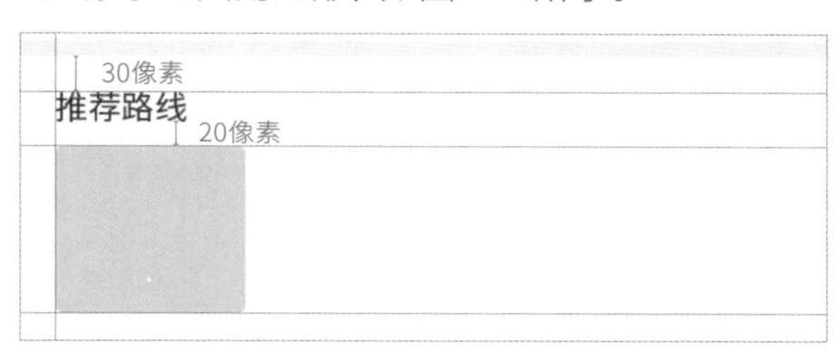

图7-76

05 在圆角矩形右侧输入文字，文字的参数设置如图7-77所示。将文字和圆角矩形编组，然后复制一组并修改文字，排版后的效果如图7-78所示。

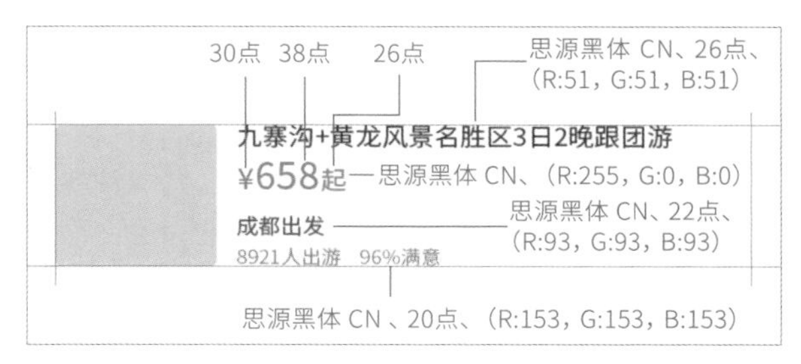

图7-77

> **提示**
>
> 排版时可以根据需求创建参考线，以确保设计元素对齐，从而提升整体视觉效果。

图7-78

06 将“素材06.jpg”和“素材07.jpg”文件拖曳至画布中，并创建为圆角矩形的剪贴蒙版。使用“直线工具”在两个圆角矩形中间绘制一条直线段，设置“描边”为2像素，描边颜色为(R:235, G:235, B:235)，如图7-79所示。

图7-79

> **提示**
>
> 按快捷键Ctrl+;可以快速显示或隐藏参考线。

3.智慧标签，轻松导航：构建实用的标签栏

扫码看教学视频

01 使用“矩形工具”创建一个尺寸为750像素×98像素的白色矩形，并将其置于界面底部，如图7-80所示。为其添加“内阴影”图层样式，设置颜色为(R:119, G:119, B:119)，如图7-81所示。

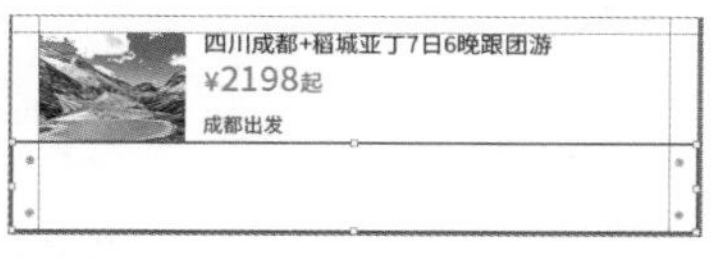

图7-80

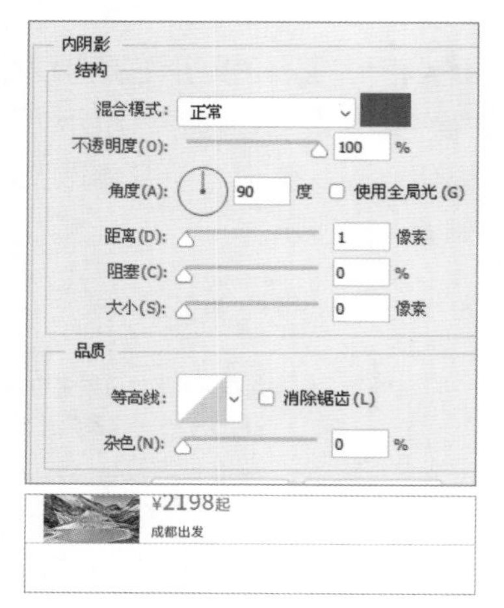

图7-81

02 将之前绘制的“首页”图标、“消息”图标、“行程”图标和“我的”图标拖曳至图7-82所示的位置，并将图标颜色设置为(R:126, G:126, B:126)。在图标的下方输入相应的文字信息，设置字体为“思源黑体CN”，字体大小为20点，文字的颜色与图标的颜色相同即可，如图7-83所示。

图7-82

图7-83

03 将“首页”图标和其下方文字的颜色调整为(R:87, G:186, B:255)，如图7-84所示。最终效果如图7-85所示。确认效果后，将其保存并导出为JPEG格式的图片。

图7-84

图7-85

项目总结与评价

项目总结

项目评价

评价内容	评价标准	分值	学生自评	小组评定
用户界面设计	能够叙述图标的类型	5		
	能够总结手机移动端界面的设计规范	5		
精心设计功能图标	能够按照要求新建画板	3		
	能够使用“矩形工具”创建正方形，并填充颜色	3		
	能够使形状与画布水平、垂直居中对齐	3		
	能够对多个图层进行编组	3		
	能够使用快捷键复制画板	3		
	能够使用“椭圆工具”创建圆形，并填充颜色	4		
	能够使用“转换点工具”将平滑点转换为角点	5		
	能够使用“直接选择工具”选择并移动锚点	5		
	能够使用“椭圆工具”创建具有特定尺寸的圆形	4		
	能够使用“直线工具”绘制“描边”为 1 像素的直线	4		
	能够使用“矩形工具”创建具有特定尺寸的圆角矩形	3		
	能够使用“三角形工具”创建三角形	3		
	能够使用“添加描点工具”在路径中添加锚点	3		
	能够使用快捷键删除锚点	3		
	能够将圆角矩形顺时针旋转 45°	3		
制作吸引人的App 首页	能够使用“新建参考线”命令创建参考线	5		
	能够制作搜索栏	6		
	能够设置图层的“不透明度”	3		

续表

评价内容	评价标准	分值	学生自评	小组评定
制作吸引人的App首页	能够使用“横排文字工具”输入文字，并设置文字的字体和字号等参数	4		
	能够制作产品模块	6		
	能够为图层添加“内阴影”效果	3		
	能够制作标签栏	6		
文件归档	能够导出JPEG格式的图像，并对制作的文件进行整理、输出	5		
综合得分		100		

拓展训练：制作音乐播放界面

资源文件：学习资源>项目七>拓展训练：制作音乐播放界面

某公司计划开发一款音乐App，要求设计团队在8小时内完成播放页面的设计与制作，参考效果如图7-86所示。

扫码看教学视频

图7-86

设计要求

- 设计尺寸：750像素×1334像素（竖版）。
- 分辨率：72像素/英寸。
- 颜色模式：RGB。
- 源文件格式：PSD。
- 预览图格式：JPEG。

步骤提示

① 启动Photoshop，新建空白文档并在适当位置创建参考线。
② 制作播放界面的背景。
③ 制作播放界面的图标并将其置于合适的位置。
④ 添加文字并进行排版。
⑤ 调整细节并输出图像。

附录：商业案例同步实训任务30例

图像处理

Photoshop拥有十分强大的图像处理功能，不仅可以快速修复图像中的瑕疵，还可以调整图像的色调和光影，并为图像添加各种元素等。

实训任务1 打造甜美风格的照片

扫码看教学视频

资源文件：学习资源>商业案例同步实训任务30例>图像处理>打造甜美风格照片

本例的原片饱和度过高，需对其进行处理，处理后天空为偏青色，樱花为淡粉色，照片甜美感十足。

原图

效果图

设计要求

- 设计尺寸：保留原片尺寸。
- 分辨率：300像素/英寸。
- 颜色模式：RGB。
- 源文件格式：PSD。
- 预览图格式：JPEG。

步骤提示

① 启动Photoshop，打开素材文件并初步分析照片的问题。

② 去除背景中的瑕疵。

③ 调整照片的亮度和色调。

④ 调整细节并输出图像。

实训任务2 打造蓝调和橙调照片

扫码看教学视频

资源文件：学习资源>商业案例同步实训任务30例>图像处理>打造蓝调和橙调照片

Lab颜色模式的明度信息和色彩信息是分离的，修改a通道和b通道只会改变图像的色调。本例将使用Lab通道快速调出蓝调和橙调。

原图

效果图（蓝调）

效果图（橙调）

设计要求

- ◇ 设计尺寸：保留原片尺寸。
- ◇ 分辨率：300像素/英寸。
- ◇ 颜色模式：RGB。
- ◇ 源文件格式：PSD。
- ◇ 预览图格式：JPEG。

步骤提示

① 启动Photoshop，打开素材文件。

② 选择a通道并按快捷键Ctrl+A 进行全选，将a通道复制到b通道中，制作出蓝调图像。

③ 选择b通道并按快捷键Ctrl+A 进行全选，将b通道复制到a通道中，制作出橙调图像。

④ 为图层添加图层蒙版，将人物皮肤颜色还原。

⑤ 调整细节并输出图像。

实训任务3 打造唯美古风照片

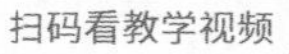
扫码看教学视频

资源文件：学习资源>商业案例同步实训任务30例>图像处理>打造唯美古风照片

本例将使用多个调色命令制作古风照片，使其更有韵味。

原图

效果图

设计要求

- ◇ 设计尺寸：保留原片尺寸。
- ◇ 分辨率：300像素/英寸。
- ◇ 颜色模式：RGB。
- ◇ 源文件格式：PSD。
- ◇ 预览图格式：JPEG。

步骤提示

① 启动Photoshop，打开素材文件。
② 将“人像”图层的混合模式设置为“正片叠底”，使其与背景的宣纸纹理融合。
③ 去除人物身上的宣纸纹理。
④ 调整人物的亮度与色调。
⑤ 调整细节并输出图像。

实训任务4 打造故障风照片

扫码看教学视频

资源文件：学习资源>商业案例同步实训任务30例>图像处理>打造故障风照片

本例的原片是一张正常拍摄的歌手照片，将其制作成故障风，增强其视觉效果。

原图

效果图

设计要求

◇ 设计尺寸：保留原片尺寸。
◇ 分辨率：300像素/英寸。
◇ 颜色模式：RGB。
◇ 源文件格式：PSD。
◇ 预览图格式：JPEG。

步骤提示

① 启动Photoshop，打开素材文件。
② 通过“高级混合”通道制作颜色错位效果，然后制作故障特效。
③ 为图像叠加线条效果并调整色调。
④ 添加文字，制作颜色错位效果。
⑤ 调整细节并输出图像。

实训任务5 打造光滑且具有质感的皮肤

资源文件：学习资源>商业案例同步实训任务30例>图像处理>打造光滑且具有质感的皮肤

使用高反差保留磨皮法可以保留图像中反差比较大的部分，如人物的眼睛、嘴唇和头发等，还可以保留皮肤的质感和纹理细节。本例中模特脸部的瑕疵较多，磨皮难度较高。

原图

扫码看教学视频

效果图（精修）

效果图（调色）

设计要求

- ◇ 设计尺寸：保留原片尺寸。
- ◇ 分辨率：300像素/英寸。
- ◇ 颜色模式：RGB。
- ◇ 源文件格式：PSD。
- ◇ 预览图格式：JPEG。

步骤提示

① 启动Photoshop，打开素材文件并初步分析图像中存在的问题。

② 去除人物皮肤上的瑕疵。

③ 对人物进行磨皮，并锐化细节。

④ 为嘴唇添加唇彩。

⑤ 调整图像的光影和色调。

⑥ 调整细节并输出图像。

实训任务6 电商修图与换色

扫码看教学视频

资源文件：学习资源>商业案例同步实训任务30例>图像处理>电商修图与换色

本例是一个有一定难度的电商修图与换色的案例，涉及原片的修脏、修形、磨皮、调色与换色，以及各种细节的处理。

原图

修脏

修形

磨皮

调色

设计要求

- 设计尺寸：保留原片尺寸。
- 分辨率：300像素/英寸。
- 颜色模式：RGB。
- 源文件格式：PSD。
- 预览图格式：JPEG。

步骤提示

① 启动Photoshop，打开素材文件并初步分析图像中存在的问题。
② 修复地面的瑕疵。
③ 拉长人物的腿部，并通过液化调整人物的腿部、手部和脸部。
④ 对人物进行磨皮。
⑤ 调整图像的光影和色调。
⑥ 调整人物的细节并进行锐化处理。
⑦ 调整裙子的颜色并输出图像。

字体设计

优秀的字体设计作品可以给观者留下深刻的印象。无论是字形设计还是字体特效设计，Photoshop都可以制作出令人耳目一新的效果。

实训任务1　设计“梦想音乐秀”

资源文件：学习资源>商业案例同步实训任务30例>字体设计>设计“梦想音乐秀”

本例需要先创建文字的形状，然后分别进行调整，通过改变文字的形状设计出具有艺术感的文字效果。

设计要求

- 设计尺寸：3500像素×2000像素（横版）。
- 分辨率：72像素/英寸。
- 颜色模式：RGB。
- 源文件格式：PSD。
- 预览图格式：JPEG。

步骤提示

① 启动Photoshop，新建文件。
② 输入文字并设置字体，然后将文字图层转换为形状图层。
③ 将形状的平滑点全部转换为角点。
④ 依次调整文字的笔画，要注意笔画的统一性。
⑤ 调整文字的颜色，然后制作一个突出文字的背景。
⑥ 调整细节并输出图像。

实训任务2 设计“再见时光”

扫码看教学视频

资源文件：学习资源>商业案例同步实训任务30例>字体设计>设计“再见时光”

本例需要先设计出粗笔画、细笔画和点笔画，然后对其进行合理的拼接和摆放。

设计要求

- 设计尺寸：3500像素×3500像素。
- 分辨率：72像素/英寸。
- 颜色模式：RGB。
- 源文件格式：PSD。
- 预览图格式：JPEG。

步骤提示

① 启动Photoshop，新建文件。
② 输入文字并设置字体。
③ 依次设计粗笔画、细笔画和点笔画。
④ 对笔画进行合理的拼接和摆放。
⑤ 制作一个突出文字的背景。
⑥ 调整细节并输出图像。

实训任务3 制作油漆字效果

扫码看教学视频

资源文件：学习资源>商业案例同步实训任务30例>字体设计>制作油漆字效果

合理使用油漆字效果可以提升设计作品的视觉效果。

☞ 设计要求

- ◇ 设计尺寸：190毫米×250毫米（竖版）。
- ◇ 分辨率：300像素/英寸。
- ◇ 颜色模式：RGB。
- ◇ 源文件格式：PSD。
- ◇ 预览图格式：JPEG。

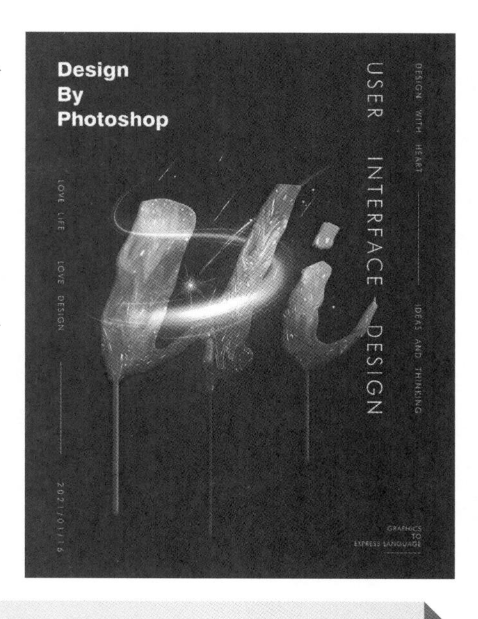

☞ 步骤提示

① 启动Photoshop，新建文件。

② 输入文字并设置字体。

③ 将图片盖在文字上，并设置为文字的剪贴蒙版。

④ 制作油漆的流动效果和滴落效果。

⑤ 制作简单的合成效果，然后添加文案。

⑥ 调整细节并输出图像。

提示

字形设计和字体特效设计的智能对象文件需要进行备份（复制）。如果要将设计的字体特效运用到大尺寸的作品中，直接放大可能会导致文字模糊或失真影响整体视觉效果。为了避免出现这种情况，可以用保留下来的智能对象进行放大，这样不会损失图像质量。例如，要将字体特效运用到尺寸为600毫米×900毫米的大海报中，只需要将备份的智能对象复制一份，然后将字体特效调大并栅格化，重新制作拉丝特效即可。

海报设计

使用Photoshop进行海报设计是一种高效的方式。设计师可以利用其强大的图像处理功能优化图片素材，同时借助文本编辑工具精准传达信息。通过灵活的布局和排版，设计师能够制作出具有层次感和动态感的海报。

实训任务1 设计促销海报

资源文件：学习资源>商业案例同步实训任务30例>海报设计>设计促销海报

孟菲斯风格的海报在近些年非常流行，它通过对简单的图形和图案进行组合突出海报的主题。

☞ 设计要求

- ◇ 设计尺寸：600毫米×900毫米（竖版）。
- ◇ 分辨率：150像素/英寸。
- ◇ 颜色模式：RGB。
- ◇ 源文件格式：PSD。
- ◇ 预览图格式：JPEG。

扫码看教学视频

步骤提示

① 启动Photoshop，新建文件。
② 用色块制作背景，并进行合理布局。
③ 自定义图案，并进行填充。
④ 将图片添加到海报中，然后添加相应的文字并进行排版设计。
⑤ 调整细节并输出图像。

实训任务2 设计城市海报

资源文件：学习资源>商业案例同步实训任务30例>海报设计>设计城市海报

本例需要制作剪纸风格的渐变城市海报，剪纸风格是当下比较流行的设计风格，常用于海报设计、电商设计和UI设计等。

设计要求

◇ 设计尺寸：190毫米×250毫米（竖版）。
◇ 分辨率：300像素/英寸。
◇ 颜色模式：RGB。
◇ 源文件格式：PSD。
◇ 预览图格式：JPEG。

扫码看教学视频

步骤提示

① 启动Photoshop，新建文件。
② 使用滤镜制作背景，然后通过“渐变映射”命令调整背景颜色。
③ 将素材添加到海报中，然后添加相应的文字并进行排版设计。
④ 调整细节并输出图像。

实训任务3 设计运动健身海报

资源文件：学习资源>商业案例同步实训任务30例>海报设计>设计运动健身海报

本例主要使用画笔进行运动健身海报的制作。运动健身海报要体现出动感和力量感，因此本例在设计时使用画笔制作粒子破碎效果。

设计要求

◇ 设计尺寸：600毫米×900毫米（竖版）。
◇ 分辨率：150像素/英寸。
◇ 颜色模式：RGB。
◇ 源文件格式：PSD。
◇ 预览图格式：JPEG。

扫码看教学视频

步骤提示

① 启动Photoshop，新建文件并制作渐变色背景。
② 将人物素材添加到海报中，然后绘制笔触涂抹效果作为地面。
③ 复制人物素材，然后制作粒子破碎效果。
④ 添加相应的文字并进行排版设计。
⑤ 调整细节并输出图像。

实训任务4 设计服饰海报

资源文件：学习资源>商业案例同步实训任务30例>海报设计>设计服饰海报

当下非常流行“爆炸”效果的海报，此类效果具有强烈的冲击力和鲜明的特色，可以瞬间吸引观者的注意力。

扫码看教学视频

设计要求

◇ 设计尺寸：750像素×950像素（竖版）。
◇ 分辨率：72像素/英寸。
◇ 颜色模式：RGB。
◇ 源文件格式：PSD。
◇ 预览图格式：JPEG。

步骤提示

① 启动Photoshop，新建文件。
② 将人物素材添加到海报中，然后使用滤镜制作背景。
③ 调整背景的亮度和细节。
④ 添加相应的文字并进行排版设计。
⑤ 调整细节并输出图像。

实训任务5 设计旅游海报

扫码看教学视频

资源文件：学习资源>商业案例同步实训任务30例>海报设计>设计旅游海报

本例使用形状分割和剪贴蒙版技术制作城市旅游海报，海报要体现出城市的特色，同时要有创意。

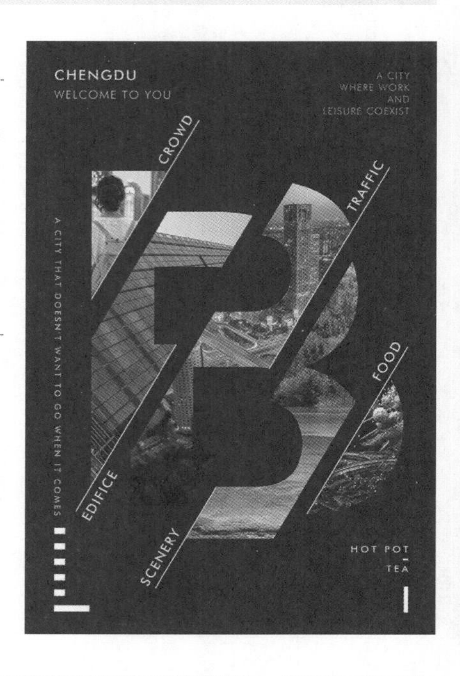

设计要求

- ◇ 设计尺寸：600毫米×900毫米（竖版）。
- ◇ 分辨率：150像素/英寸。
- ◇ 颜色模式：RGB。
- ◇ 源文件格式：PSD。
- ◇ 预览图格式：JPEG。

步骤提示

① 启动Photoshop，新建文件并填充背景颜色。

② 使用形状类工具分割字母B。

③ 将素材依次添加到海报中，然后按照分割后字母B的形状依次创建剪贴蒙版。

④ 添加相应的文字并进行排版设计。

⑤ 调整细节并输出图像。

实训任务6 设计公益海报

扫码看教学视频

资源文件：学习资源>商业案例同步实训任务30例>海报设计>设计公益海报

本例使用调整图层、剪贴蒙版、蒙版合成等制作大自然公益海报。

设计要求

- ◇ 设计尺寸：600毫米×900毫米（竖版）。
- ◇ 分辨率：150像素/英寸。
- ◇ 颜色模式：RGB。
- ◇ 源文件格式：PSD。
- ◇ 预览图格式：JPEG。

步骤提示

① 启动Photoshop，新建文件。

② 将人物素材和背景素材添加到海报中，然后调整背景的颜色。

③ 调整人物的颜色，使其和大自然图像融合。

④ 调整色阶，提高图像的对比度。

⑤ 添加相应的文字并进行排版设计。

⑥ 调整细节并输出图像。

电商设计

使用Photoshop进行电商设计是一种高效且灵活的方式，可以帮助设计师实现各种创意和想法，从而制作出吸引人的电商界面，提升用户体验。

实训任务1 设计海鲜特卖Banner

资源文件：学习资源>商业案例同步实训任务30例>电商设计>设计海鲜特卖Banner

本例需要设计海鲜特卖Banner。Banner设计需要突出商品与标题文案，因此本例在标题中添加了与海鲜颜色相近的颜色作为点缀色。

设计要求

- 设计尺寸：1920像素×650像素（横版）。
- 分辨率：72像素/英寸。
- 颜色模式：RGB。
- 源文件格式：PSD。
- 预览图格式：JPEG。

步骤提示

① 启动Photoshop，打开素材文件。

② 输入文案并设置字体。

③ 将部分笔画的颜色调整为橘黄色。

④ 为文字添加投影效果。

⑤ 调整细节并输出图像。

实训任务2 设计春夏新品Banner

资源文件：学习资源>商业案例同步实训任务30例>电商设计>设计春夏新品Banner

Banner设计中经常用到格子、条纹等元素。本例通过自定义图案制作春夏新品Banner。

设计要求

◇ 设计尺寸：1920像素×900像素（横版）。
◇ 分辨率：72像素/英寸。
◇ 颜色模式：RGB。
◇ 源文件格式：PSD。
◇ 预览图格式：JPEG。

步骤提示

① 启动Photoshop，新建文件。
② 制作背景，并自定义图案，然后进行填充。
③ 将人物素材添加到Banner中并制作装饰元素。
④ 添加相应的文字并进行排版设计。
⑤ 调整细节并输出图像。

实训任务3 设计美妆产品详情页

资源文件：学习资源>商业案例同步实训任务30例>电商设计>设计美妆产品详情页

产品详情页用于展示产品信息，引导用户购买，在电商设计中十分重要。本例将运用文字类工具、形状类工具和选区类工具等制作美妆产品详情页。

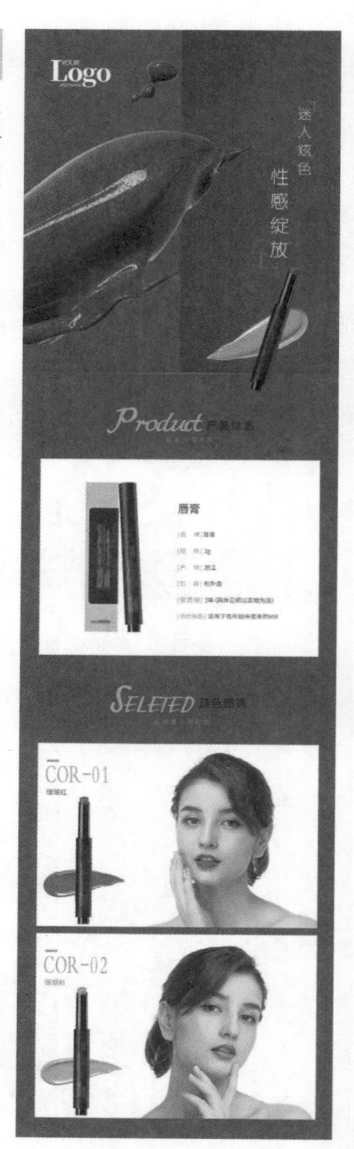

设计要求

◇ 设计尺寸：790像素×3000像素（竖版，详情页的高度一般较高，制作完成后可根据版面大小进行拉长或裁剪）。
◇ 分辨率：72像素/英寸。
◇ 颜色模式：RGB。
◇ 源文件格式：PSD。
◇ 预览图格式：JPEG。

步骤提示

① 启动Photoshop，新建文件。
② 制作背景，自定义图案并进行填充。
③ 将素材添加到详情页中，然后添加相应的文字并进行排版。
④ 制作板块的分割线，然后制作产品信息展示区。
⑤ 制作颜色信息展示区。
⑥ 调整细节并输出图像。

UI设计

随着互联网的不断发展，UI设计已经成为设计行业中的一个庞大分支。无论是图标设计，还是界面设计，都可使用Photoshop来完成。

实训任务1 设计渐变图标

资源文件：学习资源>商业案例同步实训任务30例>UI设计>设计渐变图标

在设计渐变图标时，应尽量避免使用过多的形状和颜色，以免使图标显得复杂和混乱。本例将使用矢量工具和图层样式制作渐变图标。

扫码看教学视频

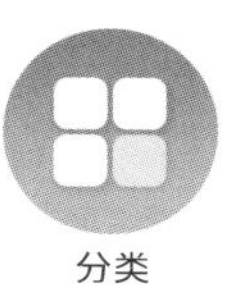

设计要求

- ◇ 设计尺寸：400像素×400像素（图标尺寸）。
- ◇ 分辨率：72像素/英寸。
- ◇ 颜色模式：RGB。
- ◇ 源文件格式：PSD。
- ◇ 预览图格式：JPEG。

步骤提示

① 启动Photoshop，新建文件。

② 使用形状类工具绘制图标。

③ 依次调整图标的颜色。

④ 为绘制的图标添加投影效果。

⑤ 保存文件并输出图像。

实训任务2 设计轻拟物图标

资源文件：学习资源>商业案例同步实训任务30例>UI设计>设计轻拟物图标

本例将使用矢量工具和图层样式制作轻拟物图标。图标的制作过程并不复杂，绘制时需要注意对齐图形。

扫码看教学视频

设计要求

- ◇ 设计尺寸：512像素×512像素（图标尺寸）。
- ◇ 分辨率：72像素/英寸。
- ◇ 颜色模式：RGB。
- ◇ 源文件格式：PSD。
- ◇ 预览图格式：JPEG。

步骤提示

① 启动Photoshop，新建文件并填充背景颜色。

② 绘制图标的边框并制作浮雕效果。

③ 绘制圆形并制作凹陷效果。

④ 绘制圆形按钮并制作凸出效果。

⑤ 调整细节并输出图像。

实训任务3 设计具有毛玻璃质感的图标

资源文件：学习资源>商业案例同步实训任务30例>UI设计>设计具有毛玻璃质感的图标

本例将使用路径、矢量工具和图层样式制作具有毛玻璃质感的图标。

扫码看教学视频

☞ 设计要求

◇ 设计尺寸：620像素×620像素（背景尺寸）。
◇ 分辨率：72像素/英寸。
◇ 颜色模式：RGB。
◇ 源文件格式：PSD。
◇ 预览图格式：JPEG。

☞ 步骤提示

① 启动Photoshop，新建文件。
② 绘制图标。
③ 为图标添加渐变效果。
④ 制作图标的毛玻璃质感。
⑤ 调整细节并输出图像。

实训任务4 设计功能型引导页

资源文件：学习资源>商业案例同步实训任务30例>UI设计>设计功能型引导页

本例主要使用矢量工具制作功能型引导页。功能型引导页通常采用简洁的设计与通俗易懂的文案，旨在将关键信息准确地传达给用户。

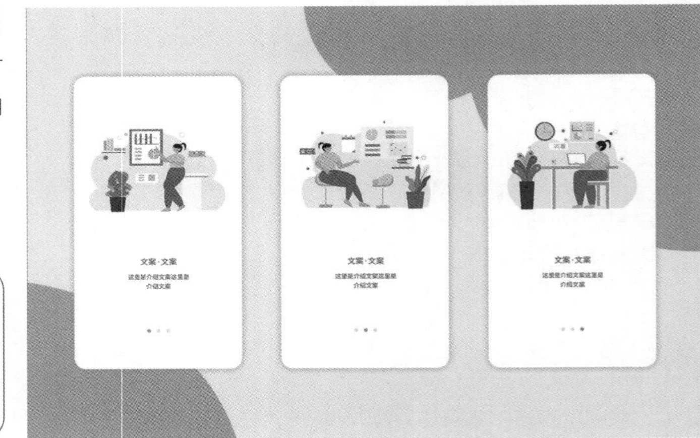

☞ 设计要求

◇ 设计尺寸：750像素×1334像素（竖版，引导页尺寸）；1200像素×800像素（横版，展示图尺寸）。
◇ 分辨率：72像素/英寸。
◇ 颜色模式：RGB。
◇ 源文件格式：PSD。
◇ 预览图格式：JPEG。

☞ 步骤提示

① 启动Photoshop，新建文件。
② 制作引导页，并将其全部导出。
③ 新建空白文档，绘制展示图的背景。
④ 对引导页进行排版并添加效果。
⑤ 调整细节并输出图像。

实训任务5 设计社交类App个人主页

资源文件：学习资源>商业案例同步实训任务30例>UI设计>设计社交类App个人主页

在设计社交类App个人主页时，要注重用户体验和隐私保护，并提供清晰、简洁、个性化的界面，以及丰富多样的互动功能。

设计要求

◇ 设计尺寸：750像素×1334像素（竖版）。
◇ 分辨率：72像素/英寸。
◇ 颜色模式：RGB。
◇ 源文件格式：PSD。
◇ 预览图格式：JPEG。

步骤提示

① 启动Photoshop，新建文件。
② 制作个人主页的背景图，添加状态栏和相应的图标。
③ 制作头像并输入相应文案，然后制作“关注”按钮。
④ 对展示图进行排版。
⑤ 调整细节并输出图像。

实训任务6 设计学习类App首页

资源文件：学习资源>商业案例同步实训任务30例>UI设计>设计学习类App首页

在App首页设计中，通常需要考虑页面布局、色彩搭配、字体选择、图片展示和信息交互等因素，以确保用户能够快速了解软件的功能和特点，并引导用户进行后续操作。本例将制作一款学习类App的首页。

设计要求

◇ 设计尺寸：750像素×1334像素（竖版）。
◇ 分辨率：72像素/英寸。
◇ 颜色模式：RGB。
◇ 源文件格式：PSD。
◇ 预览图格式：JPEG。

扫码看教学视频

步骤提示

① 启动Photoshop，新建文件。
② 制作搜索栏与轮播图。
③ 制作标签栏和标签导航，注意保持图标之间的距离相等。
④ 制作产品板块，添加文字并进行排版。
⑤ 调整细节并输出图像。

创意设计

使用Photoshop进行创意设计时，可以通过巧妙运用色彩、形状和线条等视觉元素，传递企业的理念或产品信息等。

实训任务1 制作立体星球效果

扫码看教学视频

资源文件：学习资源>商业案例同步实训任务30例>创意设计>制作立体星球效果

本例将使用“切变”滤镜和“极坐标”滤镜制作立体星球效果。

原图

效果图

设计要求

- 设计尺寸：300毫米×300毫米。
- 分辨率：300像素/英寸。
- 颜色模式：RGB。
- 源文件格式：PSD。
- 预览图格式：JPEG。

步骤提示

① 启动Photoshop，打开素材文件。

② 使用“切变”滤镜对图像进行变形处理。

③ 使用“仿制图章工具”涂抹画面的分界线，使其过渡均匀。

④ 对画面边缘进行模糊处理，然后按照1：1的比例进行裁剪。

⑤ 将图像整体压缩为画布大小，然后将图像垂直翻转。

⑥ 使用“极坐标”滤镜对图像进行变形处理。

⑦ 保存文件并输出图像。

实训任务2 制作手机幻象效果

扫码看教学视频

资源文件：学习资源>商业案例同步实训任务30例>创意设计>制作手机幻象效果

本例是一个非常简单的合成案例，通过简单的操作制作出手机融入森林和溪水的效果。

设计要求

- 设计尺寸：保留原片尺寸（以森林为背景图）。
- 分辨率：72像素/英寸。
- 颜色模式：RGB。
- 源文件格式：PSD。
- 预览图格式：JPEG。

步骤提示

① 启动Photoshop，打开素材文件（森林图）作为背景。
② 使用“高斯模糊”滤镜对背景图像进行虚化处理。
③ 将手机合成在画面中，使其与背景自然融合。
④ 对大象图像进行抠图处理，然后将抠出来的大象图像合成到图像中，并制作大象穿过手机的效果。
⑤ 在画面中添加光效，然后调整图像整体的亮度和色调。
⑥ 保存文件并输出图像。

提示

合成是一项集抠图、修图、调色和制作特效等于一体的综合性工作。蒙版在合成中非常重要。合成的核心技术就是用画笔和渐变控制图像的穿透感、遮挡感和过渡感（朦胧感）。

实训任务3 制作云端城市效果

资源文件：学习资源>商业案例同步实训任务30例>创意设计>制作云端城市效果

本例的合成难度较大，涉及的技术包括图层蒙版、画笔、抠图、调色及画面的对比合成与晕染合成等。

原图

效果图

扫码看教学视频

设计要求

- 设计尺寸：保留原片尺寸（以云层图为背景）。
- 分辨率：300像素/英寸。
- 颜色模式：RGB。
- 源文件格式：PSD。
- 预览图格式：JPEG。

步骤提示

① 启动Photoshop，打开素材文件（云层图）作为背景。
② 在画面的右上角制作光晕效果，然后添加云朵素材。
③ 将河流合成到画面中，使其与背景自然融合。
④ 将岛屿图像抠取出来，翻转后置入画面，使城市与其融为一体。
⑤ 调整城市与岛屿图像的色调，使其更加自然。
⑥ 在岛屿下方加入一些瀑布，并在河流中加入一些水花。
⑦ 调整光影，并添加海鸥和云朵素材，使画面更加丰富。
⑧ 调整细节并输出图像。

实训任务4 制作燃烧的玫瑰的效果

资源文件：学习资源>商业案例同步实训任务30例>创意设计>制作燃烧的玫瑰的效果

使用通道不仅可以得到想要的选区范围，还可以调整图像的颜色。本例将使用通道和调色命令制作燃烧的玫瑰的效果。

原图

扫码看教学视频

效果图

设计要求

- 设计尺寸：保留原片尺寸。
- 分辨率：72像素/英寸。
- 颜色模式：RGB。
- 源文件格式：PSD。
- 预览图格式：JPEG。

步骤提示

① 启动Photoshop，打开素材文件。

② 将图像转换为黑白图像，并适当调整色阶。

③ 通过通道和反向操作创建花朵中心阴影区域的选区，然后将其填充为蓝色。

④ 通过通道将火焰颜色调整为蓝色，使其与花朵自然融合。

⑤ 复制火焰，增强火焰的层次感。

实训任务5 制作冰冻手臂效果

资源文件：学习资源>商业案例同步实训任务30例>创意设计>制作冰冻手臂效果

本例将使用“滤镜库”中的滤镜制作冰冻手臂效果。

原图

效果图

设计要求

- 设计尺寸：保留原片尺寸。
- 分辨率：300像素/英寸。
- 颜色模式：RGB。
- 源文件格式：PSD。
- 预览图格式：JPEG。

扫码看教学视频

步骤提示

① 启动Photoshop，打开素材文件。
② 创建手臂的选区，使用“滤镜库”中的滤镜制作冰冻效果。
③ 调整冰冻手臂区域的色调，使其更加真实。
④ 添加图层蒙版，使冰冻效果和手臂过渡自然。
⑤ 添加冰晶效果，然后调整细节并输出图像。

实训任务6 制作梦幻海底效果

资源文件：学习资源>商业案例同步实训任务30例>创意设计>制作梦幻海底效果

使用Photoshop进行合成可以制作出独特的视觉效果，本例将合成梦幻海底的场景。

设计要求

- 设计尺寸：保留原片尺寸（以海底图为背景）。
- 分辨率：300像素/英寸。
- 颜色模式：RGB。
- 源文件格式：PSD。
- 预览图格式：JPEG。

步骤提示

① 启动Photoshop，打开素材文件（海底图）作为背景。
② 将图像转换为黑白图像，并降低图像的明度。
③ 使用“应用图像”命令制作光照效果，并将海底“着色”为梦幻的紫色。
④ 将鱼的图像置入画布，去色后进行反向处理。
⑤ 为鱼的图像添加滤镜与图层样式，制作出透亮的效果。
⑥ 将鱼“着色”为梦幻的紫色，并提高其亮度。
⑦ 添加光效，并适当调整画面的亮度和对比度。
⑧ 保存文件并输出图像。

Photoshop数字创意设计教程（案例微课版）

任务学习单与评价单

（活页卡片）

Photoshop任务学习单与评价单
（活页卡片）

使用方法

根据学生学习的认知特点与学习习惯，并结合学生在学习过程中通过“读、听、看、说、做”获得的知识，将本课程的授课过程划分为以下3个阶段，以供教师教学参考。

在第1个阶段，建议教师根据课程标准采用“直接讲授并实际操作”的教学方法。教师需要要求学生利用动画微课做好课前预习，通过自主学习提前了解课程的知识点，为教师在课堂上的直接示范和讲解做好准备，从而使学生更轻松地理解学习内容。再次上课时结合任务学习单，在指导学生实际操作的过程中，进一步促进“做学结合”。**建议该阶段占不少于总授课过程的30%。**

在第2个阶段，建议教师采用“行动导向”的教学方法，这对教师驾驭课堂和知识的能力有更高的要求，且需在完成约50%的教学工作后进行。教师需向学生发放任务学习单，组织学生参与资讯收集、制订计划、做出决策、实施计划、检查调整、评估反馈等职业活动（如下图所示）。通过发现、分析和解决实际工作中的问题并进行总结和反思，学生可获得从事相关职业所需的知识，提高实践能力。最后，教师需对学生的表现进行评价和总结。**建议该阶段占不超过总授课过程的50%。**

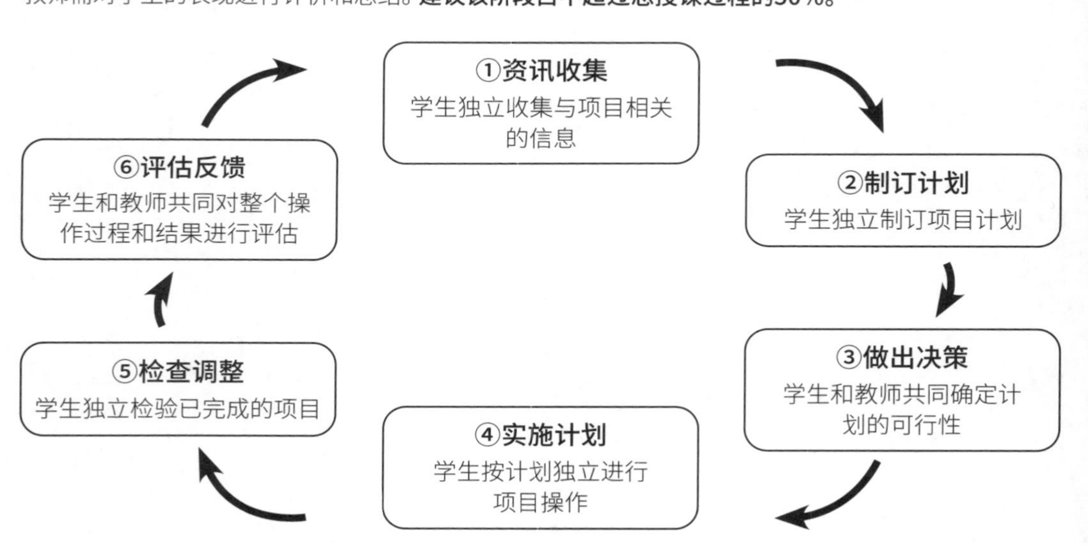

在第3个阶段，建议教师采用“翻转课堂”的教学方法，以增强学生学习的新鲜感。这种方法要求学生具备较强的自主学习能力和强烈的求知欲望。教师在下课前需布置好下节课的任务，学生则需根据任务学习单，利用网络自主解决任务中的关键问题。在课堂上，学生首先进行自我思考，随后进行小组交流，最后向全班同学分享自己的见解。这一过程有助于学生搭建起知识的框架，加深学生对知识的理解，实现知识的内化。**建议该阶段占不超过总授课过程的20%。**

Photoshop数字创意设计教程（案例微课版） 项目一 任务学习单

项目名称	学号	小组号	组长姓名	学生姓名

<table>
<tr><td rowspan="10">学生自主
任务实施</td><td>一、人像修图的工作流程主要包括哪些步骤？什么是磨皮处理？在Photoshop中，“液化”滤镜的功能是什么？在Photoshop中打开素材的操作方法有哪些？
（提示：建议采用网络查询、小组讨论及资料查询等方法来解答这些问题。）</td></tr>
<tr><td></td></tr>
<tr><td>二、Photoshop的工作界面分为哪些部分？菜单栏中包括哪些菜单？
（提示：建议采用上机实操、资料查询、小组讨论及小组间竞争抢答等方法来解答这些问题。）</td></tr>
<tr><td></td></tr>
<tr><td>三、在制作项目之前，应该如何新建画布和设置相关参数？如何将文件置入画布？
（提示：建议采用网络查询、资料查询及小组讨论等方法来解答这些问题。）</td></tr>
<tr><td></td></tr>
<tr><td>四、如何使用Photoshop打开文件？打开文件的方法有哪些？图层混合模式有哪些？都有什么作用？Photoshop的“编辑”菜单主要包括哪些命令？如何有效地使用工具箱中的工具？添加图层蒙版的快捷键是什么？打开文件的快捷方式有哪些？
（提示：建议采用网络查询、资料查询、上机实操、小组讨论及小组间竞争抢答等方法来解答这些问题。）</td></tr>
<tr><td></td></tr>
<tr><td>五、在使用Photoshop之前为什么要调整自动保存时间？具体的操作方法是什么？如何自定义常用键盘快捷键？“修补工具”和“污点修补工具”的区别是什么？如果提示文件过大无法保存，应如何设置以保存文件？如果Photoshop的工具箱或面板被隐藏了，应如何重新显示？
（提示：建议采用上机实操、联想回忆、小组讨论及小组间竞争抢答等方法来解答这些问题。）</td></tr>
<tr><td></td></tr>
</table>

任务总结	一、存在其他问题与解决方案 （提示：采用“拨号抢答”的方式。老师公布个人手机号码，学生进行拨号，由老师手机来电显示的手机号码的学生回答问题及分享见解。建议给回答问题的学生双倍分值。） 二、收获与体会 三、其他建议

Photoshop数字创意设计教程（案例微课版） 项目一 任务评价单

班级		学号		姓名		日期		成绩	

小组成员（姓名）				
职业能力评价	分值	自评（10%）	组长评价（20%）	教师综合评价（70%）
完成任务思路	5			
信息收集情况	5			
团队合作	10			
学习态度	10			
考勤	10			
讲演与答辩	35			
按时完成任务	15			
善于总结学习	10			
合计评分	100			

Photoshop数字创意设计教程（案例微课版） 项目二 任务学习单

<table>
<tr><th>项目名称</th><th>学号</th><th>小组号</th><th>组长姓名</th><th>学生姓名</th></tr>
<tr><td></td><td></td><td></td><td></td><td></td></tr>
<tr><td>学生自主
任务实施</td><td colspan="4">一、什么是位图和矢量图？像素是什么？颜色模式有哪几种？什么是单位与分辨率？什么是输出分辨率？在常见的设计类型中，新建文档时使用的单位、推荐的输出分辨率和常用的颜色模式分别是什么？海报合成的基本工作流程包括哪些步骤？
（提示：建议采用网络查询、小组讨论及资料查询等方法来解答这些问题。）

二、在抠取商品图像时，需要用到哪些命令？“选择>主体”菜单命令的作用是什么？“选择>选择并遮住”菜单命令的快捷键是什么？“选择并遮住”工作区中有哪些功能？“快速选择工具”的使用方法和作用是什么？如何设置画笔的大小和硬度？
（提示：建议采用上机实操、资料查询、小组讨论及小组间竞争抢答等方法来解答这些问题。）

三、在Photoshop中如何新建文档？如何为图层添加图层蒙版，图层蒙版的作用是什么？如何设置渐变颜色？“渐变工具”的使用方法是什么？如何添加“高斯模糊”效果？如何设置模糊效果？
（提示：建议采用上机实操、微课学习及小组讨论等方法来解答这些问题。）

四、如何使用“曲线”命令调整图像的亮度？什么是剪贴蒙版？如何创建剪贴蒙版？如何将图层蒙版填充为黑色？填充颜色的快捷键是什么？“色彩平衡”命令的作用是什么？如何使用该命令调整图像的色调？
（提示：建议采用网络查询、资料查询、上机实操、小组讨论及小组间竞争抢答等方法来解答这些问题。）

五、如何使用“横排文字工具”在文档中添加文字？图层样式是什么，添加后如何进行修改？如何为图层添加“斜面和浮雕”和“渐变叠加”效果？“矩形工具”的使用方法是什么？什么是调整图层？使用“亮度/对比度”调整图层可以调整图像的哪些属性？如何将作品导出？
（提示：建议采用上机实操、联想回忆、小组讨论及小组间竞争抢答等方法来解答这些问题。）</td></tr>
</table>

<table>
<tr><td>任务总结</td><td>一、存在其他问题与解决方案
（提示：采用“拨号抢答”的方式。老师公布个人手机号码，学生进行拨号，由老师手机来电显示的手机号码的学生回答问题及分享见解。建议给回答问题的学生双倍分值。）

二、收获与体会

三、其他建议</td></tr>
</table>

Photoshop数字创意设计教程（案例微课版） 项目二 任务评价单

班级		学号		姓名		日期		成绩	
小组成员 （姓名）									

职业能力评价	分值	自评 （10%）	组长评价 （20%）	教师综合评价 （70%）
完成任务思路	5			
信息收集情况	5			
团队合作	10			
学习态度	10			
考勤	10			
讲演与答辩	35			
按时完成任务	15			
善于总结学习	10			
合计评分	100			

Photoshop数字创意设计教程（案例微课版） 项目三 任务学习单

<table>
<tr><th>项目名称</th><th>学号</th><th>小组号</th><th>组长姓名</th><th>学生姓名</th></tr>
<tr><td></td><td></td><td></td><td></td><td></td></tr>
<tr><td rowspan="10">学生自主
任务实施</td><td colspan="4">一、电子屏广告是什么？它具有哪些显著特点？常见的电子屏广告通常采用哪些设计风格？
（提示：建议采用网络查询、小组讨论及资料查询等方法来解答这些问题。）</td></tr>
<tr><td colspan="4"></td></tr>
<tr><td colspan="4">二、使用智能对象的好处是什么？如何将普通图层转换为智能对象？
（提示：建议采用上机实操、资料查询、小组讨论及小组间竞争抢答等方法来解答这些问题。）</td></tr>
<tr><td colspan="4"></td></tr>
<tr><td colspan="4">三、对于带有原始背景的图像，如何使用Photoshop进行抠图？
（提示：建议采用网络查询、资料查询及小组讨论等方法来解答这些问题。）</td></tr>
<tr><td colspan="4"></td></tr>
<tr><td colspan="4">四、如何打开“字符”面板？在其中可以设置文字的哪些属性？如何利用图层样式来美化文字？
（提示：建议采用网络查询、资料查询、上机实操、小组讨论及小组间竞争抢答等方法来解答这些问题。）</td></tr>
<tr><td colspan="4"></td></tr>
<tr><td colspan="4">五、如何等比例缩放图像？如何新建图层？如何放大画面？“选择>选择并遮住”菜单命令的快捷键是什么？“画笔工具”的快捷键是什么？“编辑>自由变换”菜单命令的快捷键是什么？如何复制选区中的图像？将所有可见图层盖印到一个新的图层中的快捷键是什么？
（提示：建议采用上机实操、联想回忆、小组讨论及小组间竞争抢答等方法来解答这些问题。）</td></tr>
<tr><td colspan="4"></td></tr>
</table>

任务总结	一、存在其他问题与解决方案 （提示：采用“拨号抢答”的方式。老师公布个人手机号码，学生进行拨号，由老师手机来电显示的手机号码的学生回答问题及分享见解。建议给回答问题的学生双倍分值。） 二、收获与体会 三、其他建议

Photoshop数字创意设计教程（案例微课版） 项目三 任务评价单

班级		学号		姓名		日期		成绩	
小组成员（姓名）									

职业能力评价	分值	自评（10%）	组长评价（20%）	教师综合评价（70%）
完成任务思路	5			
信息收集情况	5			
团队合作	10			
学习态度	10			
考勤	10			
讲演与答辩	35			
按时完成任务	15			
善于总结学习	10			
合计评分	100			

Photoshop数字创意设计教程（案例微课版） 项目四 任务学习单

项目名称	学号	小组号	组长姓名	学生姓名

<table>
<tr><td rowspan="8">学生自主
任务实施</td><td>一、色彩的混合原理是什么？色彩的基本属性包括哪些？在图像处理中，色彩的搭配有哪些实用的技巧？
（提示：建议采用网络查询、小组讨论及资料查询等方法来解答这些问题。）</td></tr>
<tr><td></td></tr>
<tr><td>二、在Photoshop，新建文档的操作步骤是什么？填充前景色的快捷键是什么？如何使用“矩形工具”绘制矩形与圆角矩形？如何添加与设置图层样式？“画笔工具”的快捷键是什么？如何设置画笔的大小和硬度？
（提示：建议采用上机实操、资料查询、小组讨论及小组间竞争抢答等方法来解答这些问题。）</td></tr>
<tr><td></td></tr>
<tr><td>三、如何将一个图层设置为另一个图层的剪贴蒙版？如何对图层进行编组？图层编组的快捷键是什么？如何取消图层编组？取消图层编组的快捷键是什么？如何使用“横排文字工具”创建文字？如何为图层组添加“投影”效果？
（提示：建议采用上机实操、微课学习及小组讨论等方法来解答这些问题。）</td></tr>
<tr><td></td></tr>
<tr><td>四、“路径选择工具”的快捷键是什么？这个工具的主要功能是什么？如何使用“添加锚点工具”在路径中添加锚点？如何使用“多边形工具”绘制四角星？
（提示：建议采用网络查询、资料查询、上机实操、小组讨论及小组间竞争抢答等方法来解答这些问题。）</td></tr>
<tr><td></td></tr>
</table>

任务总结	一、存在其他问题与解决方案 （提示：采用“拨号抢答”的方式。老师公布个人手机号码，学生进行拨号，由老师手机来电显示的手机号码的学生回答问题及分享见解。建议给回答问题的学生双倍分值。） 二、收获与体会 三、其他建议

Photoshop数字创意设计教程（案例微课版） 项目四 任务评价单

班级		学号		姓名		日期		成绩	

小组成员（姓名）				
职业能力评价	分值	自评（10%）	组长评价（20%）	教师综合评价（70%）
完成任务思路	5			
信息收集情况	5			
团队合作	10			
学习态度	10			
考勤	10			
讲演与答辩	35			
按时完成任务	15			
善于总结学习	10			
合计评分	100			

Photoshop数字创意设计教程（案例微课版） 项目五 任务学习单

项目名称	学号	小组号	组长姓名	学生姓名

学生自主任务实施

一、制作日签的工作流程主要包括哪些？版式设计的基础原则有哪些？

（提示：建议采用网络查询、小组讨论及资料查询等方法来解答这些问题。）

二、“修补工具”的快捷键是什么？这个工具的作用和使用方法是什么？“修补工具”和“污点修复画笔工具”的区别是什么？

（提示：建议采用上机实操、资料查询、小组讨论及小组间竞争抢答等方法来解答这些问题。）

三、Camera Raw滤镜的功能是什么？Camera Raw滤镜的操作界面可以分为哪些部分？如何使用Camera Raw滤镜调整图像？

（提示：建议采用网络查询、资料查询及小组讨论等方法来解答这些问题。）

四、如何绘制具有特定尺寸的矩形？绘制完成后如何修改矩形的属性？如何使绘制的形状与画布垂直、居中对齐？如何使用“颜色叠加”效果更改图像的颜色？

（提示：建议采用网络查询、资料查询、上机实操、小组讨论及小组间竞争抢答等方法来解答这些问题。）

五、什么是画板？“画板工具”的使用方法是什么？如何同时将多个画板导出为JPEG格式的图像？

（提示：建议采用上机实操、联想回忆、小组讨论及小组间竞争抢答等方法来解答这些问题。）

任务总结	一、存在其他问题与解决方案 （提示：采用“拨号抢答”的方式。老师公布个人手机号码，学生进行拨号，由老师手机来电显示的手机号码的学生回答问题及分享见解。建议给回答问题的学生双倍分值。） 二、收获与体会 三、其他建议

Photoshop数字创意设计教程（案例微课版） 项目五 任务评价单

班级		学号		姓名		日期		成绩	

小组成员（姓名）				
职业能力评价	分值	自评（10%）	组长评价（20%）	教师综合评价（70%）
完成任务思路	5			
信息收集情况	5			
团队合作	10			
学习态度	10			
考勤	10			
讲演与答辩	35			
按时完成任务	15			
善于总结学习	10			
合计评分	100			

Photoshop数字创意设计教程（案例微课版） 项目六 任务学习单

<table>
<tr><th>项目名称</th><th>学号</th><th>小组号</th><th>组长姓名</th><th>学生姓名</th></tr>
<tr><td></td><td></td><td></td><td></td><td></td></tr>
<tr><td rowspan="10">学生自主
任务实施</td><td colspan="4">一、婚纱摄影修图的具体要求有哪些？在按照人体黄金比例调整人物图像时，通常需要调整哪些部位？“液化”滤镜的功能是什么？在修图时，细节处理通常包括哪些内容？
（提示：建议采用网络查询、小组讨论及资料查询等方法来解答这些问题。）</td></tr>
<tr><td colspan="4"></td></tr>
<tr><td colspan="4">二、曝光不足的照片该如何调整？如何将人物的腿部拉长？如何将婚纱缺少的区域补齐？
（提示：建议采用上机实操、资料查询、小组讨论及小组间竞争抢答等方法来解答这些问题。）</td></tr>
<tr><td colspan="4"></td></tr>
<tr><td colspan="4">三、在进行修脏与瑕疵处理时，通常会用到哪些工具？这些工具的作用分别是什么？
（提示：建议采用网络查询、资料查询及小组讨论等方法来解答这些问题。）</td></tr>
<tr><td colspan="4"></td></tr>
<tr><td colspan="4">四、“液化”滤镜中有哪些与液化相关的工具？这些工具的作用分别是什么？
（提示：建议采用网络查询、资料查询、上机实操、小组讨论及小组间竞争抢答等方法来解答这些问题。）</td></tr>
<tr><td colspan="4"></td></tr>
<tr><td colspan="4">五、“仿制图章工具”和“修复画笔工具”的相同点与不同点分别是什么？常用的磨皮方法有哪些？哪些磨皮的方法深受影楼修图师的喜爱？
（提示：建议采用上机实操、联想回忆、小组讨论及小组间竞争抢答等方法来解答这些问题。）</td></tr>
<tr><td colspan="4"></td></tr>
</table>

任务总结	一、存在其他问题与解决方案 （提示：采用“拨号抢答”的方式。老师公布个人手机号码，学生进行拨号，由老师手机来电显示的手机号码的学生回答问题及分享见解。建议给回答问题的学生双倍分值。） 二、收获与体会 三、其他建议

Photoshop数字创意设计教程（案例微课版） 项目六 任务评价单

班级		学号		姓名		日期		成绩	
小组成员（姓名）									

职业能力评价	分值	自评（10%）	组长评价（20%）	教师综合评价（70%）
完成任务思路	5			
信息收集情况	5			
团队合作	10			
学习态度	10			
考勤	10			
讲演与答辩	35			
按时完成任务	15			
善于总结学习	10			
合计评分	100			

Photoshop数字创意设计教程（案例微课版） 项目七 任务学习单

项目名称	学号	小组号	组长姓名	学生姓名

<table>
<tr><td rowspan="10">学生自主
任务实施</td><td>一、图标主要有哪些类型？在手机移动端UI设计中，有哪些规范需要遵守？
（提示：建议采用网络查询、小组讨论及资料查询等方法来解答这些问题。）</td></tr>
<tr><td></td></tr>
<tr><td>二、如何使用形状类工具绘制对应形状？如何绘制具有特定尺寸的形状？这些形状类工具的使用方法有哪些共同点与不同点？
（提示：建议采用上机实操、资料查询、小组讨论及小组间竞争抢答等方法来解答这些问题。）</td></tr>
<tr><td></td></tr>
<tr><td>三、如何使用“添加锚点工具”“删除锚点工具”“转换点工具”？如何使用快捷键绘制圆形或正方形？
（提示：建议采用网络查询、资料查询及小组讨论等方法来解答这些问题。）</td></tr>
<tr><td></td></tr>
<tr><td>四、参考线的作用是什么？如何在特定位置添加参考线？如何锁定和解锁参考线？如何显示和隐藏参考线？
（提示：建议采用网络查询、资料查询、上机实操、小组讨论及小组间竞争抢答等方法来解答这些问题。）</td></tr>
<tr><td></td></tr>
<tr><td>五、在制作标签栏时，如何使图标的间距一致？如何计算图标的间距？
（提示：建议采用上机实操、联想回忆、小组讨论及小组间竞争抢答等方法来解答这些问题。）</td></tr>
<tr><td></td></tr>
</table>

任务总结	一、存在其他问题与解决方案 （提示：采用“拨号抢答”的方式。老师公布个人手机号码，学生进行拨号，由老师手机来电显示的手机号码的学生回答问题及分享见解。建议给回答问题的学生双倍分值。） 二、收获与体会 三、其他建议

Photoshop数字创意设计教程（案例微课版） 项目七 任务评价单

班级		学号		姓名		日期		成绩	
小组成员（姓名）									

职业能力评价	分值	自评（10%）	组长评价（20%）	教师综合评价（70%）
完成任务思路	5			
信息收集情况	5			
团队合作	10			
学习态度	10			
考勤	10			
讲演与答辩	35			
按时完成任务	15			
善于总结学习	10			
合计评分	100			